U0156652

内 容 简 介

本书结合光学测量技术的最新发展,针对光学非球面,尤其是大口径非球面和自由曲面的检测技术进行了详细的探讨,主要涉及技术起源与发展、原理、具体的实验装置,以及相关的测量方法和精度。全书共分 5 章,第 1 章介绍了光学非球面的基本概念、描述及评价方法,并简要介绍了光学非球面检测的经典方法;第 2 章介绍了基于激光束偏转与逆向哈特曼的光学非球面几何检测方法;第 3 章详细介绍了部分补偿法和数字莫尔移相干涉法;第 4 章重点介绍了基于干涉检测法的非球面参数误差测量;第 5 章探讨了非球面干涉检测动态范围扩展的相关技术。

本书可作为高等院校光学工程等专业研究生和高年级本科生的教材,也可供航空航天、天文、信息技术、超精密加工等领域从事光学制造检测工作的科研人员和工程技术人员参考。

图书在版编目(CIP)数据

光学非球面新型检测原理与技术/郝群,胡摇,朱秋东著. —北京:清华大学出版社,2023.1
(2023.11 重印)
(变革性光科学与技术丛书)
ISBN 978-7-302-62457-8

Ⅰ. ①光… Ⅱ. ①郝… ②胡… ③朱… Ⅲ. ①非球面透镜—光学检验 Ⅳ. ①O435

中国国家版本馆 CIP 数据核字(2023)第 016966 号

责任编辑:鲁永芳
封面设计:意匠文化·丁奔亮
责任校对:赵丽敏
责任印制:丛怀宇

出版发行:清华大学出版社
   网   址:https://www.tup.com.cn,https://www.wqxuetang.com
   地   址:北京清华大学学研大厦 A 座   邮 编:100084
   社 总 机:010-83470000   邮 购:010-62786544
   投稿与读者服务:010-62776969,c-service@tup.tsinghua.edu.cn
   质量反馈:010-62772015,zhiliang@tup.tsinghua.edu.cn
印 装 者:小森印刷(北京)有限公司
经 销:全国新华书店
开 本:170mm×240mm 印 张:8.5   字 数:158 千字
版 次:2023 年 3 月第 1 版   印 次:2023 年 11 月第 2 次印刷
定 价:79.00 元

产品编号:079350-01

丛书编委会

主　编

　　罗先刚　　中国工程院院士,中国科学院光电技术研究所

编　委

　　周炳琨　　中国科学院院士,清华大学

　　许祖彦　　中国工程院院士,中国科学院理化技术研究所

　　杨国桢　　中国科学院院士,中国科学院物理研究所

　　吕跃广　　中国工程院院士,中国北方电子设备研究所

　　顾　敏　　澳大利亚科学院院士、澳大利亚技术科学与工程院院士、
　　　　　　　中国工程院外籍院士,皇家墨尔本理工大学

　　洪明辉　　新加坡工程院院士,新加坡国立大学

　　谭小地　　教授,北京理工大学、福建师范大学

　　段宣明　　研究员,中国科学院重庆绿色智能技术研究院

　　蒲明博　　研究员,中国科学院光电技术研究所

丛 书 序

　　光是生命能量的重要来源，也是现代信息社会的基础。早在几千年前人类便已开始了对光的研究，然而，真正的光学技术直到 400 年前才诞生，斯涅耳、牛顿、费马、惠更斯、菲涅耳、麦克斯韦、爱因斯坦等学者相继从不同角度研究了光的本性。从基础理论的角度看，光学经历了几何光学、波动光学、电磁光学、量子光学等阶段，每一阶段的变革都极大地促进了科学和技术的发展。例如，波动光学的出现使得调制光的手段不再限于折射和反射，利用光栅、菲涅耳波带片等简单的衍射型微结构即可实现分光、聚焦等功能；电磁光学的出现，促进了微波和光波技术的融合，催生了微波光子学等新的学科；量子光学则为新型光源和探测器的出现奠定了基础。

　　伴随着理论突破，20 世纪见证了诸多变革性光学技术的诞生和发展，它们在一定程度上使得过去 100 年成为人类历史长河中发展最为迅速、变革最为剧烈的一个阶段。典型的变革性光学技术包括激光技术、光纤通信技术、CCD 成像技术、LED 照明技术、全息显示技术等。激光作为美国 20 世纪的四大发明之一（另外三项为原子能、计算机和半导体），是光学技术上的重大里程碑。由于其极高的亮度、相干性和单色性，激光在光通信、先进制造、生物医疗、精密测量、激光武器乃至激光核聚变等技术中均发挥了至关重要的作用。

　　光通信技术是近年来另一项快速发展的光学技术，与微波无线通信一起极大地改变了世界的格局，使"地球村"成为现实。光学通信的变革起源于 20 世纪 60 年代，高琨提出用光代替电流，用玻璃纤维代替金属导线实现信号传输的设想。1970 年，美国康宁公司研制出损耗为 20 dB/km 的光纤，使光纤中的远距离光传输成为可能，高琨也因此获得了 2009 年的诺贝尔物理学奖。

　　除了激光和光纤之外，光学技术还改变了沿用数百年的照明、成像等技术。以最常见的照明技术为例，自 1879 年爱迪生发明白炽灯以来，钨丝的热辐射一直是最常见的照明光源。然而，受制于其极低的能量转化效率，替代性的照明技术一直是人们不断追求的目标。从水银灯的发明到荧光灯的广泛使用，再到获得 2014 年诺贝尔物理学奖的蓝光 LED，新型节能光源已经使得地球上的夜晚不再黑暗。另外，CCD 的出现为便携式相机的推广打通了最后一个障碍，使得信息社会更加丰富多彩。

20 世纪末以来,光学技术虽然仍在快速发展,但其速度已经大幅减慢,以至于很多学者认为光学技术已经发展到瓶颈期。以大口径望远镜为例,虽然早在 1993 年美国就建造出 10 m 口径的"凯克望远镜",但迄今为止望远镜的口径仍然没有得到大幅增加。美国的 30 m 望远镜仍在规划之中,而欧洲的 OWL 百米望远镜则由于经费不足而取消。在光学光刻方面,受到衍射极限的限制,光刻分辨率取决于波长和数值孔径,导致传统 i 线(波长为 365 nm)光刻机单次曝光分辨率在 200 nm 以上,而每台高精度的 193 光刻机成本达到数亿元人民币,且单次曝光分辨率也仅为 38 nm。

在上述所有光学技术中,光波调制的物理基础都在于光与物质(包括增益介质、透镜、反射镜、光刻胶等)的相互作用。随着光学技术从宏观走向微观,近年来的研究表明:在小于波长的尺度上(即亚波长尺度),规则排列的微结构可作为人造"原子"和"分子",分别对入射光波的电场和磁场产生响应。在这些微观结构中,光与物质的相互作用变得比传统理论中预言的更强,从而突破了诸多理论上的瓶颈难题,包括折反射定律、衍射极限、吸收厚度-带宽极限等,在大口径望远镜、超分辨成像、太阳能、隐身和反隐身等技术中具有重要应用前景。譬如,基于梯度渐变的表面微结构,人们研制了多种平面的光学透镜,能够将几乎全部入射光波聚集到焦点,且焦斑的尺寸可突破经典的瑞利衍射极限,这一技术为新型大口径、多功能成像透镜的研制奠定了基础。

此外,具有潜在变革性的光学技术还包括量子保密通信、太赫兹技术、涡旋光束、纳米激光器、单光子和单像元成像技术、超快成像、多维度光学存储、柔性光学、三维彩色显示技术等。它们从时间、空间、量子态等不同维度对光波进行操控,形成了覆盖光源、传输模式、探测器的全链条创新技术格局。

值此技术变革的肇始期,清华大学出版社组织出版"变革性光科学与技术丛书",是本领域的一大幸事。本丛书的作者均为长期活跃在科研第一线,对相关科学和技术的历史、现状和发展趋势具有深刻理解的国内外知名学者。相信通过本丛书的出版,将会更为系统地梳理本领域的技术发展脉络,促进相关技术的更快速发展,为高校教师、学生以及科学爱好者提供沟通和交流平台。

是为序。

罗先刚

2018 年 7 月

前　言

　　近年来,光学设计水平的提高、光学及机械表面加工技术的改进都促使非球面及自由曲面在各类光学系统中起到越来越重要的作用。在成像系统中,利用非球面及自由曲面取代传统球面,能有效改善像质、减小系统体积和质量,甚至起到系统更新换代的作用。在天文光学、空间光学和地基空间目标探测与识别、激光大气传输和惯性约束聚变等国防科技领域,以及特种眼镜、照明系统、投影显示等民用领域,非球面及自由曲面都得到了广泛的应用。非球面及自由曲面的高精度检测是光学元件制造和光学系统装调的基础和前提,不同领域光学系统的发展,对非球面及自由曲面检测提出了多方面的严格要求,成为精密制造加工技术进一步发展需要满足的先决条件。

　　本书作者结合其科研团队多年来在光学非球面高精度检测及评价领域的研究成果和学术积累,对光学非球面及自由曲面检测的原理、方法和技术进行阐述,参考了大量的文献并融入了新的学术见解。全书不仅注重基本概念和基本原理的阐述,同时注重理论与应用的紧密结合,深入浅出地讲述了作者近年来在光学面形测量技术领域的最新科研成果,并在其基础上分析了相关发展态势。全书共分5章,第1章介绍了光学非球面的基本概念、描述及评价方法,并简要介绍了光学非球面检测的经典方法;第2章阐述了基于激光偏转与逆向哈特曼的光学非球面几何检测方法;第3章详细论述了部分补偿数字莫尔移相干涉测量方法,分别阐述了部分补偿法和数字莫尔移相干涉法的基本原理,并描述了系统标定和校正的方法;第4章重点阐述了基于干涉检测法的非球面参数误差测量;第5章探讨了非球面干涉检测动态范围扩展的相关技术,主要包括解决高陡度非球面检测的两步载波拼接技术和数字莫尔-牛顿迭代技术等。

　　本书的研究内容得到国家自然科学基金的资助,作者的研究生做了大量的资料整理工作,在此一并表示衷心的感谢。本书适合航空航天、天文、信息技术、超精密加工等领域从事光学制造检测工作的科研人员和工程技术人员,以及高等院校光学工程等相关专业的学生阅读参考。

　　由于作者水平有限,书中难免有不妥之处,恳请读者在使用过程中批评指正。

作　者

2022 年 10 月

目　录

光学非球面测量概述

非球面是对偏离球面的曲面的总称。在光学系统中使用非球面光学元件,不仅能增加光学设计的自由度,有利于像差校正、改善像质、提高光学系统性能,而且能够减少光学元件的数量和质量,简化仪器结构,大大减少系统的尺寸和质量,降低成本。因此,非球面的研究与应用长期以来一直备受人们的关注。但由于加工与检测困难,非球面的应用最初受到很大的限制。随着科学技术的迅猛发展,满足人们特殊需要的非球面镜片的设计方法和加工手段有了长足进步,检测技术成为制约非球面加工和应用的关键技术之一。如何客观、准确地评测非球面是高精度非球面加工的基础,研究精度高、稳定实用的非球面检测技术日益成为非球面推广应用亟待解决的问题。

本章首先介绍光学非球面的应用,之后介绍相关的数学基础,在此基础上定义光学非球面检测及评价的指标,并概述现有的主流检测方法。

1.1　光学非球面的应用

基于非球面光学元件的优点,光学系统中已经广泛使用非球面替代球面光学元件,小到普通的眼镜镜片,大到照相透镜、平版印刷系统、天文光学系统、军用光电系统。

在军事领域中,所使用的雷达测距仪、光学望远镜、红外夜视仪等装置均不同程度地使用了精密的非球面光学元件[1-3]。例如,AN/AVS-6 飞行员使用的微光夜视眼镜,采用 5 个非球面和 1 个球面光学元件构成物镜系统,采用 4 个非球面和 1 个球面光学元件构成目镜系统。再如,我国研究的某光电侦察跟踪系统,对于其中一激光接收镜,若全部采用球面光学元件设计该系统需要 21 片光学镜片,而采用非球面系统则只需 5 片光学镜片。从设计周期上看,由于球面系统的复杂性,其设计需花费 2 个月的时间,而非球面系统的设计只需要 10 天。从系统的体积和质量上看,若采用球面系统,激光接收镜的质量高达 2.5 kg,而采用非球面系统时,激光接收镜的质量只有 1 kg[4]。由此,非球面光学元件的优势可见一斑。

在民用领域,诸如天文望远镜[5]、卫星红外望远镜[6-7]、光纤耦合装置[8]、太阳能接收镜[9]、激光打印机、高品质照相机、摄像机、激光光斑整形装置[10]、高能激光扩束装置、大屏幕投影电视镜头[11-12]等现代仪器均不同程度地运用了非球面光学元件及其技术。例如,代替哈勃望远镜的詹姆斯·韦伯太空望远镜采用反射式成像光路,主镜是直径为 6.5 m 的抛物面,次镜是双曲面,三镜是椭球面。再如,在医用领域中,非球面光学元件也得到了广泛的应用[13]。研究表明,白内障患者植入球面人工晶状体后,部分患者存在视力模糊、夜间视力差、眩光、光晕、重影等问题。研究者根据波前像差原理,设计出在光学上与人眼自然晶状体更为接近的非球面人工晶状体,用以提高患者术后视觉功能。非球面人工晶状体与球面人工晶状体相比,高阶像差尤其是球差大大降低,更接近于年轻人的自然晶状体;对比敏感度好,尤其是在大瞳孔、高空间频率和眩光状态下差异更明显,从而可改善夜间眩光状态下的视力[14]。可见,非球面光学元件已被应用于人类生活的方方面面。

1.2 光学非球面的分类及数学描述

1.2.1 非球面分类

根据表面类型,非球面通常分为旋转对称型和非旋转对称型,如图 1.1 所示。旋转对称型非球面包括二次旋转对称型非球面和高次旋转对称型非球面,前者的母线方程可以表示为椭圆线、抛物线、双曲线等,以曲线顶点为坐标原点,将其依次绕对称轴线旋转形成椭球面、抛物面、双曲面等二次曲面;后者主要是指母线沿着经过其顶点的轴线也具有对称分布特点,但是母线方程只能表示成高阶多项式的解析形式,以母线顶点为坐标原点,将其绕对称轴线旋转形成高次旋转型非球面。

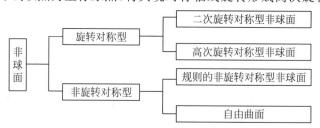

图 1.1 非球面光学零件面形分类

非旋转对称型非球面中的一类是规则的非旋转对称型非球面,其面形有一定的规律,包括连续非球面,如两轴对称式的非球面(非球面片断,也称为离轴非球面)、复曲面、柱面和多轴对称式的非球面;以及非连续非球面,如微透镜阵列、光栅的表面、菲涅尔透镜、二元光学元件等。另一类是面形无规则的非旋转对称型非球面,这一类非球面的面形基本上没有任何限制,只能用离散数据点的形式表示,可以称为复杂的自由曲面。这类自由曲面没有确定的方程描述,是基于点集或曲线生成、由空间离散数据点通过拟合而成,无旋转轴或对称中心的复杂表面。自由曲面在光学系统中的应用越来越多。参数向量可以表示任何形状的自由曲面,包括多项式、贝塞尔曲面、B 样条曲面、非均匀有理 B 样条曲线(NURBS)曲面等。

1.2.2　非球面方程

对于轴对称非球面,用它的子午截线方程表示曲面方程。在实际应用中,经常用三种形式的方程式来表达。设光轴为 z 轴,即非球面的对称轴,坐标原点取在顶点。

第一种非球面子午截线方程式为

$$z^2 = a_1 x + a_2 x^2 + a_3 x^3 + a_4 x^4 + \cdots \tag{1.1}$$

式中,a_1,a_2,a_3,a_4,$\cdots$为方程系数。如果非球面是二次曲面,则式(1.1)为

$$z^2 = 2R_0 x + (e^2 - 1)x^2 \tag{1.2}$$

这是二次曲面的通用方程式。式中,R_0 为曲面近轴曲率半径,e 为曲面的偏心率。

第二种非球面子午截线方程式为

$$z^2 = A_1 x^2 + A_2 x^4 + A_3 x^6 + A_4 x^8 + \cdots \tag{1.3}$$

式中,A_1,A_2,A_3,A_4,$\cdots$为方程系数。第一项系数和非球面近轴曲率半径有关,即 $A_1 = 0.5R_0$。

第三种非球面子午截线方程式为

$$z = \frac{cx^2}{1 + \sqrt{1 - (K+1)c^2 x^2}} + B_1 x^4 + B_2 x^6 + B_3 x^8 + \cdots \tag{1.4}$$

式中:c 为近轴曲率,$c = 1/R_0$;K 为二次曲面常数,$K = -e^2$;B_1,B_2,B_3,$\cdots$为高次系数。

在光学设计和工程运用中,式(1.1)、式(1.3)和式(1.4)往往互相交叉使用,它们之间存在一定的系数关系。

在实际使用中,二次曲面应用最为广泛。通常取式(1.4)右边的第一项表示二次曲面。通过转换可得到二次曲面求 z 的另一个有用的表达式为

$$z = \frac{R_0 - \sqrt{R_0^2 - (1+K)x^2}}{1 + K} \tag{1.5}$$

当 K 取不同的值时,代表着不同的曲面,如图 1.2 所示。

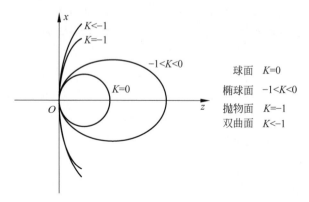

图 1.2　二次曲面的分类及其二次曲面常数

1.3　光学非球面检测及评价指标

本节首先定义非球面检测的常用指标,并介绍与非球面检测相关的光学概念,主要包括几何像差和泽尼克多项式。

1.3.1　面形误差和参数误差

由于加工误差、机械载荷或热载荷的作用,光学元件表面与理想表面之间将产生偏差,或光学元件参数发生变化,影响非球面基本性质,进而影响光学系统的成像质量。因此,在光学元件投入使用前,通常需要分析面形偏差,用以验证加工质量或系统结构设计是否满足光学成像要求。面形误差和参数误差是典型的描述面形偏差的指标。

1. 面形误差

面形误差是指实际非球面表面形状与理想非球面表面形状之间的逐点差别,通常由峰谷值(PV)和均方根值(RMS)表征。

峰谷值　光学加工表面相对理想参考表面各点偏差的峰值 E_{max} 和谷值 E_{min} 之差

$$PV = E_{max} - E_{min} \tag{1.6}$$

峰谷值一般描述空间周期大于 2 mm 的误差,即对 2 mm 以下的信号通过低通滤波器滤掉。如果采用低通滤波器与不采用低通滤波器时的 PV 有较大的变化,说明光学加工表面存在着明显的中高频残差。

均方根值　光学加工表面相对于理想参考表面各点偏差 E_i 的均方根值,用来

描述被测波前偏离期望波前的程度

$$\text{RMS} = \sqrt{\frac{1}{N}\sum_{i=1}^{N}E_i^2} \tag{1.7}$$

波前均方根值能系统全面地反映光学加工表面和理想面形之间的综合偏差情况,就是说可以描述光学加工表面的中高频残差。在高分辨率条件下,一般要求 $\text{PV} \leqslant \lambda/4$,$\text{RMS} \leqslant \lambda/15$。

PV 与 RMS 之间的关系　对于高精度光学加工表面,PV 一般是 RMS 的 $4\sim7$ 倍。随着 PV 的减小,PV 和 RMS 之比也会变小。

2. 参数误差

参数误差是指非球面表达式中的参数存在误差。如式(1.5)中 R_0 是标称的曲率半径,它影响非球面的基本性质,如非球面的焦距;K 是标称的非球面系数,是非球面分类的基础。式(1.4)中 B_i 是高阶非球面系数。这些统称为表面参数,其偏差称为参数误差。

因此,面形误差和参数误差对非球面的光学特性有明显的影响。尽管这些参数之间存在着一定的耦合关系,但也可以进行单独测量。

1.3.2　几何像差与泽尼克多项式

非球面在光学系统中得到广泛应用的主要原因是其优异的消像差能力,此处的像差可以从几何光学中的几何像差考虑,也可以从物理光学中的波像差考虑。非球面的测量大多也利用其对像差的调制作用。因此,像差的概念对理解非球面的功能以及测试原理至关重要。本节简要介绍几何像差的概念和分类,以及波像差的数学表达形式之一泽尼克多项式。

1. 几何像差

像差理论是光学设计的基础,光学设计在很大程度上就是像差平衡设计。设计一个光学系统要通过选型、初始结构的计算和选择、像差的校正平衡与像质评价几个过程;而利用光学设计辅助软件进行设计,也是一个反复优化变量使像差得到最佳校正与平衡的过程,因此设计者应该对像差理论有深入的理解。

像差的实质是由光学系统中透镜材料的特性或折射、反射表面的几何形状而引起的实际像与理想像的偏差。理想像就是由理想光学系统所成的像,然而对于实际的光学系统,只有在近轴区域很小孔径角的光束范围所成的像才是完善的,在实际的应用中,由于成像空间、光束孔径以及不同颜色的光波折射率的不同,使实际光学系统所成的像存在一系列缺陷,即像差。像差大小反映了光学系统的成像质量,主要有六种几何像差,其中对单色光而言有球差、彗差、像散、场曲和畸变五种像差,复色光除了具有以上五种像差外还存在色差。关于各类像差的具体定义和性质可以参阅应用光学或光学设计相关书籍,此处不再赘述。

2. 泽尼克多项式

通常人们使用幂级数展开式的形式描述光学系统的波像差。其中,泽尼克多项式和光学检测中观测到的像差多项式的形式是一致的,因而它常常被用来描述波前特性。

泽尼克多项式是由无穷数量的多项式完全集组成的,有两个变量 ρ 和 θ,其在单位圆内部是连续正交的。需要注意的是,泽尼克多项式仅在单位圆的内部连续区域是正交的,通常在单位圆内部的离散的坐标上是不具备正交性质的。泽尼克多项式具有三个和其他正交多项式集不一样的性质。

(1) 泽尼克多项式 $Z(\rho,\theta)$ 可以化解为径向坐标 ρ 和角度坐标 θ 的函数,其形式如下:

$$Z(\rho,\theta)=R(\rho)G(\theta) \tag{1.8}$$

式中,关于角度的函数 $G(\theta)$ 是一个以 2π 弧度为周期的连续函数,并且满足当坐标系旋转 α 角度之后,其形式不发生改变,也就是旋转不变性,

$$G(\theta+\alpha)=G(\theta)G(\alpha) \tag{1.9}$$

其三角函数集形式如下:

$$G(\theta)=e^{\pm im\theta} \tag{1.10}$$

式中,m 是任意正整数或零。

(2) 泽尼克多项式的第二个性质是径向函数(radial function)$R(\rho)$ 必须是 ρ 的 n 次多项式,并且不包含幂次低于 m 次的 ρ 方项。

(3) 第三个性质是当 m 为偶数时,$R(\rho)$ 也为偶函数;当 m 为奇数时,$R(\rho)$ 也为奇函数。

径向多项式 $R(\rho)$ 可以看作雅可比多项式(Jacobi polynomials)的特例,记作 $R_n^m(\rho)$。它们的正交和归一化性质可由式(1.11)表示:

$$\int_0^1 R_n^m(\rho)R_{n'}^m(\rho)\rho\mathrm{d}\rho=\frac{1}{2(n+1)}\delta_{nn'} \tag{1.11}$$

式中的 $\delta_{nn'}$ 是克罗内克符号(Kronecker delta),即当 $n=n'$ 时,$\delta_{nn'}=1$;当 $n\neq n'$ 时,$\delta_{nn'}=0$。并且它具有归一化的性质

$$R_n^m(1)=1 \tag{1.12}$$

在计算径向多项式时,为了方便起见,我们通常会将其分解成如下形式:

$$R_{2n-m}^m(\rho)=Q_n^m(\rho)\rho^m \tag{1.13}$$

式中,$Q_n^m(\rho)$ 的次数为 $2(n-m)$,由下式给出:

$$Q_n^m(\rho) = \sum_{s=0}^{n-m} (-1)^s \frac{(2n-m-s)!}{s!(n-s)!(n-m-s)!} \rho^{2(n-m-s)} \tag{1.14}$$

通常我们会用实数形式的多项式(正弦和余弦函数)来代替复指数多项式,这样的话,波前像差函数 $W(\rho,\theta)$ 的泽尼克展开式就有如下形式:

$$W(\rho,\theta) = \overline{W} + \sum_{n=1}^{\infty} \left[A_n Q_n^0(\rho) + \sum_{m=1}^{n} Q_n^m(\rho) \rho^m (B_{nm}\cos m\theta + C_{nm}\sin m\theta) \right] \tag{1.15}$$

式中,$\overline{W}$ 是平均波前像差,A_n、B_{nm}、C_{nm} 是多项式展开系数。由于"0 级"项是个常数(或者叫作平移项)1,并且所有其他的泽尼克项在单位圆区域上的平均值均为零,波前像差函数 W 的平均值就是这个"0 级"项的系数 A_0,这样式(1.15)就等价于

$$W(\rho,\theta) = A_0 + \sum_{n=1}^{\infty} \left[A_n Q_n^0(\rho) + \sum_{m=1}^{n} Q_n^m(\rho) \rho^m (B_{nm}\cos m\theta + C_{nm}\sin m\theta) \right] \tag{1.16}$$

对于一个旋转对称的光学系统来说,物体位于子午面内,因而波前像差相对于 yz 面是对称的,也就是只有 θ 的偶函数(余弦项)项是非零项。对于一般情况,波前是不对称的,因而也就是同时包含两种三角函数形式。

需要注意的是,泽尼克多项式不一定是用来拟合检测数据的最佳多项式形式。在某些情况下,用泽尼克多项式来描述波前数据具有很大的局限性。比如说,当需要考虑空气扰动的时候,泽尼克多项式几乎没有什么价值,因为扰动本身是随机的,并不具备特定的波像差模式;同样也很难找到一组合适的泽尼克多项式来描述单点金刚石车削中的制造误差。

1.4　光学非球面检测方法

按照是否接触被测面,非球面面形的主要检测方法可以分为两类:接触式测量法和非接触式测量法。

1.4.1　接触式测量法

对于接触式测量,非球面面形的测量方法与球面曲率半径的测量方法类似,可以利用轮廓仪[15-17]和三坐标测量机[18-21]进行测量,如图 1.3 所示。首先,对被测非球面进行坐标逐点测量,然后对测量结果进行曲面拟合,获得顶点曲率半径和二次曲面常数的测量值。计算标称值和测量值的差值,即非球面参数误差。将拟合曲面和实测曲面点对点相减得到随机偏差分布,即非球面面形误差。

接触式测量法一般适用于测量精度在数微米量级的非球面元件和非球面加工

 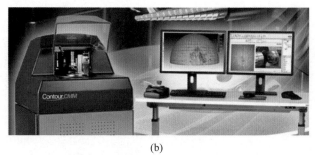

(a)   (b)

图 1.3　接触式测量仪器

(a) Panasonic 公司的 UA3P 系列三维立体测量仪；(b) Bruker 公司的鹅颈式坐标测量机

过程检验。它只能测量被检表面有限点的矢高，一般来说，检测精度较低。但接触式测量法一般不要求被测表面为光学表面，因而可作为非球面成型、研磨、粗抛光阶段的检验手段。典型的接触式轮廓仪产品有 Taylor Hobson 公司的 Talysurf PGI 系列接触式非球面测量系统，Talysurf1250A 的横向测量范围为 200 mm，纵向测量范围为 12.5 mm，分辨率为 0.8 nm，可完成非球面参数和面形误差测量，并声称对模压非球面测量没有斜率限制，但不能测量材质较软的非球面镜。

接触式测量法容易受到扫描非正交性的影响，引入较大的系统误差。测量仪器接触被测面，一般情况下要求对被测面进行抛光处理；在测量过程中，测量仪器和被测非球面均会因挤压而产生磨损和变形，影响测量结果；对环境要求高，静电、灰尘和震动等都会使测量精度降低[22-23]。此外，由于接触式测量法采用逐点测量的形式，如果想提高空间分辨率，则会导致测量过程中数据的采集量增加、时间成本提高、效率降低，而在测量大口径非球面时，也将产生测量成本增加、仪器精度降低等多方面的问题，大大限制了接触式测量法的应用范围[24]。

针对接触式测量法的不足，研究者们提出了非接触式的检测方法。非接触式测量法的测量结果精度较高，并且不会造成被测面的损伤，受到越来越多的关注。非球面的几何关系和测量光路是非常复杂的，在不使用任何辅助元件的情况下，无法直接测量非球面的面形误差。因此，非接触式非球面测量的难度更大。进一步对非接触式测量法进行细分，包含几何检测法与干涉检测法两大类。

1.4.2　几何检测法

几何检测法测量非球面主要包括刀口检测法、朗奇检测法、哈特曼波前检测法，以及激光束偏转法和逆向哈特曼波前检测法。其中针对最后两种方法作者进行了较为深入的研究，将在第 2 章详细阐述。

1. 刀口检测法

刀口检测法由傅科（Foucault）于 1856 年提出，使得非球面镜面的制造精度有了本质上的提高。刀口检测法检验透镜的原理如图 1.4 所示[25]，其原理是基于被检表面的变形使光线偏离原有的轨迹，通过遮拦这些偏离的光线来测定光线的横向位移，所以刀口检测法可以看作一种横向像差的检验方法。在零位检测中引入刀口检测法，具有设备简单、操作方便等特点，而且刀口检测法对外界环境要求不高，适合加工现场检测，其检测灵敏度可以达到 $\lambda/20 \sim \lambda/10$。因此，在干涉仪出现之前，刀口检测法是非球面检测的重要手段。刀口检测法最大的不足是不能定量检测，通过刀口检测法只能知道哪些区域高，哪些区域低，但没有高低的量值，被检面是否合格很大程度上依赖于工人的经验。

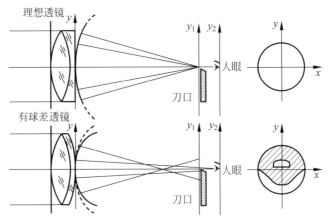

图 1.4　刀口检测法检测透镜原理图

2. 朗奇检测法

　　朗奇检测法是由意大利物理学家 Vasco Ronchi 于 1922 年发明的，如图 1.5 所示，其原理是将低频光栅置于被检非球面镜曲率中心时，光栅的像又落回光栅，产生莫尔条纹，这些条纹的形状携带着被检反射镜的面形误差的信息。朗奇检测法实际上是直接测量横向像差。由于朗奇检测法是共光路设置，所以条纹信号非常稳定且系统简单、检测效率高。最早提出将朗奇检测法应用于非球面检测的是 Waland 和 Schulz[25]，由于非球面各点曲率半径不一致，得到的朗奇条纹是弯曲的，根据条纹对理想形状的偏离，利用计算机处理可以计算出被检非球面的面形误差。但要注意的是，由衍射效应引起条纹的扩散会导致朗奇检测法的灵敏度降低，因此可将朗奇光栅的刻线制作成带有一定曲率，利用刻线的曲率补偿被检非球面的非球面度，可有效提高朗奇检测非球面的灵敏度。朗奇检测法是评价和测量光学表面质量最简单、有效的手段之一。但是与刀口检测法一样，朗奇检测法对面形的小误差很敏感，故检测的动态范围小，而且它们的定量检测技术都不成熟，在半定量的应用中最有优势。

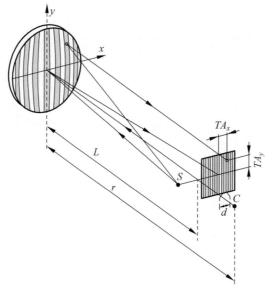

图 1.5　朗奇检测法

3. 哈特曼波前检测法

哈特曼波前检测法由哈特曼首次提出[26]，后来在光学检测中许多人也采用了类似的原理和方法，可以用来测量光学元件的几何像差，也可以测量面形。与干涉检测法相比，哈特曼波前检测法具有系统简单、稳定，成本较低，无需针对待测面型参数进行逐一设计系统等优点。

传统哈特曼波前检测法测量面形时，通过瞳面附近的哈特曼光阑对光线采样，在焦平面附近用探测器对光线形成的光斑进行探测，由光线在哈特曼光阑和探测面上的位置得到所探测光线的斜率矩阵，复原出被测镜的面形，光路原理图如图 1.6 所示。该方法的优点是对测量光没有相干性要求，无需参考光，结构相对简单。

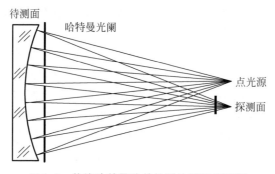

图 1.6　传统哈特曼波前检测法测量原理图

传统哈特曼波前检测法建立在被测件斜率变化较小的假设之上,采用了稀疏孔径光阑,如果被测镜的面形斜率变化较大,光线会受到哈特曼光阑的遮挡和切割,导致测量得到的光斑位置严重偏离理论位置,影响光斑的位置探测精度,故该方法不能测量非球面度较大的非球面零件面形。

夏克-哈特曼(SH)波前传感器是在经典哈特曼波前检测法的基础上,结合微透镜阵列、电荷耦合器件(CCD)图像采集及处理技术发展而来的现代波像差传感仪器[27-28],可以用 SH 波前传感器检测非球面的面形。SH 波前传感器具有传统哈特曼波前检测法结构简单等优点,同时由于 SH 波前传感器不在瞳面上,因此它的尺寸比传统哈特曼光阑小很多。图 1.7 是夏克-哈特曼检测原理图。

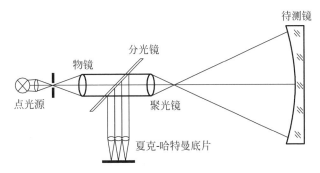

图 1.7　夏克-哈特曼检测原理图

哈特曼波前检测法的关键技术是波面的采样(或分割)与波面斜率的测定,早期的哈特曼波前检测法通过光阑、夏克-哈特曼波前检测法通过微透镜阵列完成波面空间采样或分割,并从哈特曼底片或面阵器件记录的光点图像上提取采样点空间分布信息即波前倾斜信息,受到该检测原理的限制,哈特曼波前检测法存在测量动态范围与空间分辨率矛盾的问题,空间分辨率往往不高[29]。

1.4.3　干涉检测法

干涉检测法是一种高精度、快速测量方法,在垂轴方向可以获得亚纳米级的分辨率。干涉检测法通过对入射激光进行分光,一束由参考镜反射,一束由待测镜反射,两束激光在像面发生干涉。通过干涉图的光强分布,可以推导出像面波前的分布,从而解得被测面的面形误差。从测量原理可以看出,干涉测量是一种相对测量,即相对于参考面的误差。面形测量干涉仪器可采取不同的光路,包括泰曼-格林型、斐索型、剪切干涉仪等。

基于上述干涉原理,不同的干涉测量手段被应用到非球面面形测量中来。根据测量波前与被测面之间的关系,目前干涉检测法可以分为两类:零位干涉检测法和非零位干涉检测法。

零位干涉检测法的实质是借助补偿器作为辅助光学元件,把平面波或球面波前转换为与被检面的理论形状一致的波前,即通过补偿器来完全补偿被测面的法线像差。此时补偿器出射波前的法线与理论被测面的法线处处重合,从而干涉仪系统测得的波前像差完全由被测面面形误差导致,可实现对被测面的高精度测量[30]。

零位干涉检测法尽管测量精度高,但仍存在一些不能忽视的缺点。首先,一种补偿器只能测量一种特定面形的被测面,测量范围窄,对不同被测面进行测量时需要重新设计和制作补偿器,测量周期长、成本高。其次,补偿器的制造精度要优于被测面的精度,也即补偿器精度决定测量精度,测量精度不容易保证。最后,由于需要完全抵消被测镜的像差,导致零位补偿器的设计、加工和装调的难度较大[31]。

非零位干涉检测法不要求通过补偿器后的光线完全补偿被测面的法线像差,可有部分像差余量。主要包括亚奈奎斯特法、双波长干涉法、剪切干涉法、子孔径拼接法等[32]。由于补偿后的系统中允许存在较大的波像差,因此非零位干涉检测法降低了对补偿器的要求,从而降低了补偿器的设计、加工难度以及制造成本。但相应地,因为允许存在部分剩余波前(回程误差),导致非零位干涉检测法的测量精度相较于零位干涉检测法一般较低。回程误差是非零位干涉检测法中最主要的误差源,为了提高非零位干涉检测法的测量精度,需要特殊的算法,例如逆向迭代优化算法[33-34]或者装置消除回程误差。

以下列举现阶段具有代表性的非球面面形干涉检测法。

1. 零位干涉检测法

传统的干涉法进行非球面面形测量是通过带有补偿器的干涉系统完成的[35]。这类干涉系统的设计是以优化系统的剩余波像差为目标[36],通常使用零位补偿器或者零位计算机生成全息图(computer-generated holograms,CGH)来完全补偿非球面的法线像差,从而产生与被测非球面一致的波前,即零位干涉检测法。被测面的面形信息可以通过系统的干涉图获得,对该面形信息进行曲面拟合就可以获得其面型参数。使用拟合的方法计算顶点曲率半径的相对测量精度可以达到0.02%,而二次曲面常数的相对测量精度可以达到8.5%[37]。

传统零位干涉检测法可分为四类:工艺面检测法、无像差检测法、零位补偿法和计算全息法。在新型相位调制器件可变形镜和液晶空间光调制器出现后,应用该类器件的自适应零位干涉检测法得到发展。下面介绍传统零位干涉检测法中具有代表性的零位补偿法和计算全息法,以及自适应零位干涉检测法。

1)零位补偿法

零位补偿法是用合适的补偿器,补偿非球面产生的非球面波前,使补偿后的波前成为平面波和球面波,然后和参考波前进行干涉,其测量结果显示出非球面的面形偏差。如果补偿后的波前与参考波前完美地匹配,那么干涉条纹就是直条纹;反之,条纹就是弯曲的,弯曲的程度显示了非球面表面偏离理想表面的程度。零位补偿法是一种测量精确度很高的方法,而且补偿器直径可以比被测非球面小很多,因此零位补偿法现在广泛地应用于大口径非球面的测量中。

零位补偿法原理示意图如图 1.8 所示,检验光束由干涉仪出射至补偿器,光束经过补偿器再经被测非球面反射,再次经过补偿器回到干涉仪。此时含有被测非球面面形误差信息的检测光与参考光相互干涉形成干涉条纹,对干涉条纹进行分析、处理就可得到非球面的面形误差。

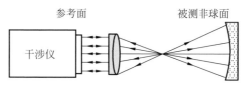

图 1.8　零位补偿法原理示意图

零位补偿法中最重要的光学部分是补偿器,补偿器可以是透射或衍射的。在零位补偿法中,经过特殊设计的补偿器一般由球面元件或系统组成,它将来自干涉仪的球面或平面检测波前变为带有球差的波前,经设计使这样的波前与非球面在特定位置的波前相同,从而实现补偿检测。如果零位补偿器与被测非球面都是理想的,检测光束将完全按照原路返回,与参考光束相干涉得到完美的"零"(无面形误差)条纹结果。反之,若被测面含有一定的误差,则这些误差将影响反射光束,并最终反映到干涉条纹中,反射光束中含有的误差是被测镜面形误差的两倍。这里应注意的是,任何由补偿器引入的误差都将使检测光束波前发生改变,经过被测面反射回干涉仪后,这些由补偿器引入的误差都将被认为是被测表面的面形误差,因此零位补偿器需要精确的设计、制造和装配。

常用的折射式零位补偿器[25]包括欣德尔(Hindle)型、柯德(Couder)型、伯奇(Burch)型、罗斯(Ross)型、多尔(Dall)型等,检测光路如图 1.9 所示。

2) 计算全息法

零位补偿法中复杂补偿镜的设计非常烦琐,而且对于面形多样的曲面来说,设计单片或者两片透镜作为零位补偿器几乎是无法完成的。被测面复杂性的增加会导致补偿镜的结构复杂化,这样就会极大地增大装调和加工难度。计算全息图作为一种由光刻技术发展出的新型补偿器,自 1971 年发明以来,正逐步取代传统零位补偿镜的地位,成为新一代的零位补偿元件[38-39]。

计算全息法是美国亚利桑那大学光学中心的 Mcgovern 和 Wyant 于 1971 年提出的,该方法利用计算机、绘图仪和照相技术合成全息图,可以说是全息图检测法的一个重大突破。采用该方法检测非球面,首先需要利用上述设备和相关工艺

13

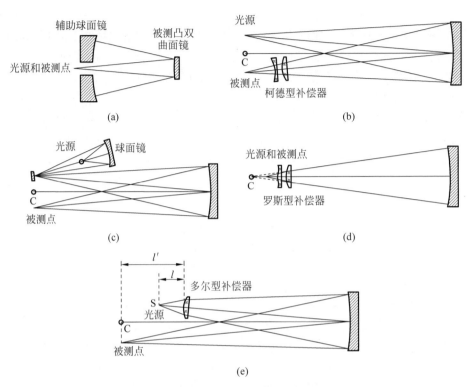

图 1.9 几种折射式零位补偿检测光路图

(a) 欣德尔型补偿光路图；(b) 柯德型补偿光路图；(c) 伯奇型补偿光路图；(d) 罗斯型补偿光路图；(e) 多尔型补偿光路图

制得一个与被测非球面相应的 CGH；然后将该 CGH 放在干涉仪检测装置中适当的位置,同时将被测非球面元件放入干涉仪检验臂中,通过波前再现和空间滤波,获得由参考波面与检测波面相干涉而形成的干涉图,根据此干涉图确定被测非球面的面形误差。

干涉法检测非球面面形所需要的"标准样板"不易得到,而计算全息法的最大特点是只要物光波的数学模型已知,就能产生实际上并不存在的衍射光,因而能精确地提供非球面检测中所需要的"标准样板"。如果再辅以并不复杂的单透镜补偿器,则其可以满足面形特殊、相对口径又比较大的非球面检测需要。如果所检测非球面口径不是太大,又要求实时检测,则可以不再配合单透镜补偿器。

如图 1.10 所示,在泰曼-格林干涉仪中,为了检测非球面镜的面形偏差信息,分光镜将平行光束分为测量光与参考光,测量光经过补偿镜后变成非球面波到达非球面镜,其反射光通过补偿镜后再次变成平行波,在分光镜处,测量光与平面参考光干涉叠加,形成干涉图样。通过分析干涉图样的变化情况,即可获得非球面的面形信息。其中,全息片不仅可以位于观察臂,而且可以位于检测臂。斐索干涉仪的原理相似,如图 1.11 所示,但它的参考光是由测量臂上的半透半反镜提供的,两束光在接收屏处形成干涉图[25]。

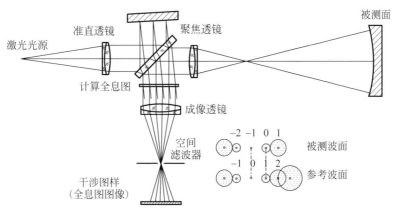

图 1.10　泰曼-格林非球面检测光路图

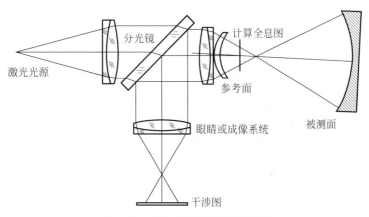

图 1.11　斐索非球面检测光路图

3）自适应零位干涉检测法

自适应零位干涉检测法是近年来新兴的一种主要针对自由曲面的干涉检测方法。不同于传统固定的零位补偿器或计算全息图,自适应零位干涉检测法利用空间光调制器(SLM)和可变形镜(DM)在像差校正中的灵活性和准确性,实现对不同面形被测面的测量。

2016 年,清华大学黄磊等提出了一种基于 DM 的自适应零位干涉检测系统[40],包含一个标准干涉仪、一个 DM 和一个用于检测 DM 面形的挠度辅助测量系统(DS)。该系统中的 DM 作为自适应补偿元件,其面形由随机并行梯度下降算法和在位挠度测量系统控制。该系统实现了 15 μm 偏离的未知自由曲面检测,检测过程中 DM 面形自适应调整时间为 6～9 min。测量结果证明了自适应零位补偿干涉检测系统对于未知自由曲面面形检测的有效性。

2018 年,安徽大学张磊等提出了一种基于 DM 的无辅助监测设备的纯自适应自由曲面干涉检测系统[41],系统结构如图 1.12 所示,由干涉测量系统、偏振补偿系统和待测未知自由曲面三部分组成。该系统中,作为自适应零位补偿器,DM 面形可以在被实时监测的同时用于自由曲面的面形检测,而无需诸如波前传感器和挠度测量系统等辅助监测系统,解决了辅助系统空间分辨率低或校准复杂的问题。该系统理论上可实现 40 μm 偏离的未知自由曲面检测。2020 年,张磊等对纯自适应自由曲面干涉检测系统进行了改进,提出了一种基于双 DM 的用于大偏离未知自由曲面测量的紧凑型自适应干涉检测系统[42]。该系统使用了双 DM 的组合,分别为行程相对较大、适合低阶像差补偿的低频变形镜(Woofer DM)和具有高密度促动器、适合高阶像差校正补偿的高频变形镜(Tweeter DM),以扩展系统的可测动态范围。该系统理论上可实现 80 μm 旋转非对称偏离的检测。

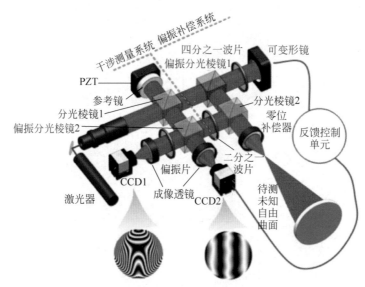

图 1.12　基于 DM 的纯自适应自由曲面干涉检测系统原理图

2018 年,国防科技大学薛帅等提出了一种基于 SLM 的自适应零位自由曲面干涉检测法[43],系统结构如图 1.13 所示,由干涉仪、静态零位补偿器、SLM 和待测未知自由曲面四部分组成。该系统使用经过校准的高精度 SLM 作为自适应零位补偿器。测量过程分为两个阶段:条纹恢复阶段,该阶段中 SLM 由基于泽尼克模式的随机并行梯度下降算法进行闭环控制[44],将不可分辨干涉条纹变成可分辨的干涉条纹;条纹稀疏阶段,该阶段中 SLM 由相位共轭算法控制,将可分辨的干涉条纹变成零条纹进行测量。此外,为了实现大口径光学元件的测量,在基于 SLM 的自适应零位干涉检测法中采用了子孔径拼接技术。该系统实现了口径为 61 mm 光学元件的面形测量,其中由 SLM 检测的区域口径为 26 mm,偏离量为 20 μm,测量过程耗时 3 min。

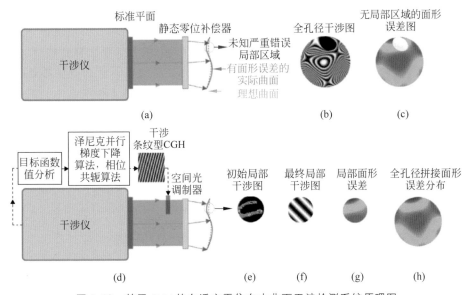

图 1.13　基于 SLM 的自适应零位自由曲面干涉检测系统原理图

2019 年,薛帅等对基于 SLM 的自适应零位自由曲面干涉检测系统进行了改进,提出了一种基于 SLM 的折衍混合的灵活自适应零位补偿系统[45]。使用折衍混合的可变零位补偿器(HRDVN),由折射非球面零位补偿镜(RANL)和衍射型 LC-SLM 组成。相对于光源来回移动的 RANL 可以产生很大范围的可变球差[46],以便测试自由曲面的旋转对称偏离。LC-SLM[47]可以产生具有适当幅度和精度的任意像差,以便测试自由曲面的非旋转对称偏离。该方法实现了具有 145 μm 的旋转对称偏离和 25 μm 的非旋转对称偏离的自由曲面检测,RMS 精度约为 λ/30。

2. 非零位干涉检测法

非零位干涉检测法主要有部分补偿干涉法、子孔径拼接法、高分辨率的接收器件法、欠采样法、长波长法、亚奈奎斯特法、双波长干涉法和剪切干涉法等,以及自适应非零位干涉检测法。其中高分辨率的接收器件法是靠增加接收器件像元的数量来提高系统条纹的分辨本领,由于要求每幅图像的传输时间更长,因此对机械的振动和空气的扰动就更敏感,这样精度做到很高也困难;欠采样法、长波长法、双波长干涉法和剪切干涉法等,基本是靠某种方法降低检测的灵敏度来满足分辨非球面偏离量的要求,因此精度相对零检验一般较低。部分补偿干涉法是本书的重点内容,将在第 3 章详述。

1) 子孔径拼接法

子孔径拼接法于 1981 年由美国亚利桑那大学光学中心的 Kim C 和 Wyant J 提出[48],它解决了传统的干涉测试方法受限于干涉系统的空间频率分辨率的问题。如果被测波前相对于参考波前很大,干涉测量方法中比较可行的方法是将全口径波前分割成许多足够小的子区域,运用传统移相干涉法,结合高精度机械扫描机构和运动控制系统分块进行测试,每个小区域内要求满足奈奎斯特条件,然后通过拼接算法完全求解每个子区域波前,这就是子孔径拼接法。子孔径拼接法保留了干涉测量的精度,不需要使用辅助光学元件,从而大大缩减了检测成本。它不仅可以拓展干涉仪的横向和纵向动态范围,提高测量的空间分辨率,还可以获得高频信息。因此,子孔径拼接法是有望解决大口径非球面光学元件高精度检验的一种方法。

根据子区域分块的形状,子孔径拼接法主要包括圆形子孔径拼接法和环形子孔径拼接法。

(1) 圆形子孔径拼接法

国内南京理工大学[49]、国防科技大学等单位对圆形子孔径拼接开展了持续研究。美国 QED 公司已将圆形子孔径拼接干涉仪商用仪器化。

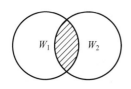

图 1.14 两两拼接原理图

圆形子孔径两两拼接检测的基本原理可以简单地由图 1.14 说明,W_1、W_2 是子孔径干涉仪在大口径平面元件上两次检测的区域,阴影部分是两次检测之间的重叠区域。理论上来说,在重叠区域内两次检测得到的波前相位应该是一样的。而在实际检测过程中,移动产生了倾斜、位移等误差,使同一区域两次测量得到的相位不完全相同。拼接拟合就是要将每两次测量所得孔径相位的重叠部分经拟合统到同一参考面,拟合过程可表示为

$$W_1(x,y) = a_1 x + b_1 y + c_1 + W_{10}(x,y) \qquad (1.17)$$

$$W_2(x,y) = a_2 x + b_2 y + c_2 + W_{20}(x,y) \qquad (1.18)$$

式中,$W_1(x,y)$ 和 $W_2(x,y)$ 表示测得的两个子孔径的位相,$W_{10}(x,y)$ 和 $W_{20}(x,y)$ 分别表示两个孔径的实际相位,a_1 和 b_1 分别表示沿 x 和 y 方向的倾斜量,c 表示沿光轴 z 方向的平移量。由于重叠区域应具有相同的相位信息,即在重叠区域应有 $W_{10} = W_{20}$,所以在重叠区域,式(1.17)和式(1.18)可改写为

$$W_2(x,y) - W_1(x,y) = ax + by + c \qquad (1.19)$$

式中,$a = a_2 - a_1$,$b = b_2 - b_1$,$c = c_2 - c_1$。

从理论上讲,要想求出两孔径之间相对 x 方向旋转、y 方向旋转和平移,只需要在重叠区域任取不在同一直线上的三点,即可求出 a、b、c 的精确解。

但由于各种误差的存在,一般要取多个点,用最小二乘法拟合求取这三个参量以减小随机误差对拼接精度的影响。由此可知,利用最小二乘法拟合得到数据的精确程度将直接影响拼接的精度,也最终限制整个干涉检测系统的精度。

设重叠区域中不在一直线的三个像素点的坐标为 (x_1,y_1)、(x_2,y_2)、(x_3,y_3),这样就可列出误差求解方程组,即

$$\begin{cases} W_{12}(x,y) - W_{11}(x,y) - ax + by + c = \nu_1 \\ W_{22}(x,y) - W_{21}(x,y) - ax + by + c = \nu_2 \\ W_{32}(x,y) - W_{31}(x,y) - ax + by + c = \nu_3 \end{cases} \quad (1.20)$$

式中:W_{i1} 表示第一孔径的重叠区域中三个不在同一直线的像素点的相位检测值;W_{i2} 表示对应像素点在第二孔径中的检测相位值;ν 为残差,表示经过拟合后两次检测值之间仍旧存在差值。最小二乘法所做的工作就是找到 a、b、c 的最佳拟合值,从而使残差平方和最小,即

$$f(a,b,c) = \nu_1^2 + \nu_2^2 + \nu_3^2 \to 0 \quad (1.21)$$

实际上为了提高精度,必须要有更多的观察点加入运算,对于 n 个点的情况,式(1.21)应改写为

$$f(a,b,c) = \nu_1^2 + \nu_2^2 + \nu_3^2 + \cdots + \nu_n^2 \to 0 \quad (1.22)$$

根据残差平方和最小原则,对式(1.22)求导求解式便可求得 a、b、c 的值,从而得到修正后的波前结果为

$$W_2'(x,y) = W_2(x,y) - (ax + by + c) \quad (1.23)$$

重复该过程,把每两个重叠的子孔径都拼接在一起直至覆盖整个被测光学表面,便可实现小孔径干涉仪检测大口径光学平面的目的。两两拼接算法的优点就在于它的算法程序简单,可拓展性好,不受孔径数目、排列方式的影响;缺点在于存在较大的传递误差。

(2) 环形子孔径拼接法

环形子孔径拼接技术[50-53]的基本原理是通过改变被测非球面镜与干涉仪之间的相对距离,使干涉仪产生不同曲率半径的参考球面波来匹配非球面镜上的不同环带区域,这样在所匹配的环带区域里的入射参考球面波与被测非球面表面之间的偏离量减小到干涉仪的测量范围内,由适当的算法将各可分辨干涉条纹对应的子孔径数据拼接出全口径面形。国内主要是国防科技大学[50]、中国科学院光电技术研究所[51]、南京理工大学[52]、中国科学院长春光学精密机械与物理研究所[53]等单位对其进行研究。美国 Zygo 公司已将其商用仪器化。

具体测试过程为:调整干涉仪,使干涉仪出射的参考球面波的曲率中心与被

测非球面的顶点曲率中心重合,称为顶点中心曲率对焦。此时得到的干涉图中心部分的条纹较稀,干涉仪容易分辨,但干涉图边缘部分的条纹比较密集,干涉仪无法分辨。通过干涉仪测量中心区域的相位数据,通过计算机精确控制位移台进行重聚焦,即让非球面元件在光轴方向移动不同的距离,产生不同曲率半径的参考球面波来匹配被测非球面相应的环带区域,此过程中环形零级条纹也随之向非球面边缘移动。在完成对整个被测表面的扫描测量后,利用逐次拼接或综合优化全局拼接的方式,求得各个子孔径相对基准子孔径的调整误差(平移、倾斜和离焦等误差),从测量的相位数据中消除相对调整误差,从而把所有的子孔径测量数据统一到相同的基准上,然后将其进行全口径多项式拟合,就能够得到整个面形信息。

总的来说,子孔径拼接法为了实现子孔径间的切换,其测量过程依赖于高精度机械扫描机构和控制系统,而随着被测非球面的口径和非球面度加大,子孔径拼接数目增加,检测误差随子孔径拼接数目增加而累积,从而限制了子孔径拼接法的动态范围。

2)亚奈奎斯特法

为了解决经典移相干涉(PSI)难以测量高于奈奎斯特频率的高密度干涉条纹的难题,并保持 PSI 的优势,1987 年亚利桑那大学光学中心提出了亚奈奎斯特干涉法(sub-Nyquist interferometry,SNI)[34,54-56],用于测量高陡度非球面波前。

SNI 是基于被测波前一阶导数或斜率的连续性假设重建被测波前,可实现相位变化超过 π 的高斜率非球面波前检测。为了减小被测非球面的斜率,测量中采用了发散透镜或聚焦透镜,探测器前也使用了成像透镜,由于并未完全补偿被测面像差,SNI 违背了零位条件[34]。亚利桑那大学光学中心在 SNI 非球面非零测试中对非零干涉仪进行建模,提出将逆向优化法用于非零干涉仪的校正,解决了非零位回程误差校正等关键问题,可测与最佳参考球面偏离达 60λ、探测器像面光程差达 300λ 的非球面波前,获得的 PV 偏差和均方根(RMS)偏差分别优于 0.76λ 和 0.12λ[34]。

特别地,SNI 需要稀疏阵列传感器来响应高频条纹,即采用提高了像元调制传递函数(MTF)的小宽度与间隔之比的像素的传感器,以正确记录高频干涉条纹对应的相位。

3)双波长干涉法

1985 年,Yeou-Yen Cheng 等将双波长全息干涉技术(two wavelength holography,TWH)与 PSI 相结合提出双波长移相干涉方法(two wavelength phase shifting interferometry,TWPSI)[57],检测凹陷约 100 μm 的表面面形,重复性达 2.5 nm[25]。TWPSI 不需要对被测波前的预知,而是利用两种波长产生合成波长来扩展 PSI 的动态测量范围,解决了利用单波长 PSI 测量高陡度波前时产生的 2π

模糊问题,并有效解决了 TWH 产生的误差放大效应的问题。随后,Katherine Creath、Yeou-Yen Cheng 等将 TWPSI 用于干涉显微镜测量光波导台阶等表面微结构,以及设计特定的零位补偿镜用于测量高陡度非球面[58-59]。之后 Yukihiro Ishii[60]、Youichi Bitou[61]、Abdelsalam D G 等[62]主要对 TWPSI 移相方式及其算法进行了改进。通过偏振移相、光栅衍射移相、波长移相等方法避免使用机械移相引入误差,同时采用改进的移相算法也可减少移相误差。国内的南京理工大学[63]和浙江大学[64]等也开展了 TWPSI 的研究工作,但国内还未有将 TWPSI 用于测量非球面的研究。

TWPSI 拓展了 PSI 的动态范围,并保持了 PSI 测量精度高的优点,在近零位测量时,能够同时保证高精度和大测量范围的面形测量要求。TWPSI 也需要小宽度间距比像素的稀疏阵列传感器,然而 TWPSI 应用更大的难题在于干涉仪和参考光学元件的色差,实际应用必须针对干涉仪和参考透镜进行消色差设计,否则求解出来的非球面波前与实际值将出现很大的偏差,甚至完全错误。

4) 剪切干涉法

剪切干涉法分为横向和径向剪切干涉法,它直接测得的不是被测面形,而是通过测量两个垂直方向上的差分波面,然后对其进行积分运算来恢复原始波面。剪切干涉法不需要标准参考样板,并且灵敏度可调,因此特别有利于非球面的测量。这种方法的优点在于能提供一个很大的动态范围,可以测量高陡度非球面波前。单纯的剪切干涉法测量精度不高,需要结合移相干涉技术才能实现高精度的测量[25]。文献[65]采用径向剪切干涉测量高陡度非球面,但测量精度需进一步提升。剪切移相干涉仪避开了由于制作标准非球面波面而带来的种种不便和误差,具有结构简单、造价低廉、操作简便和不受口径大小限制等突出优点。缺点是后续的波面重建处理较为复杂,灵敏度较低。

5) 自适应非零位干涉检测法

2017 年,安徽大学张磊等提出了一种用于光学自由曲面检测的自适应非零位干涉检测法(ANI)[66],系统结构如图 1.15 所示,由 DM、分光棱镜、偏振分光棱镜、四分之一波片、透镜和待测自由曲面等元件组成。系统中的 DM 作为自适应补偿元件,仅根据被测面的标称面形提供各种低阶像差补偿,以确保获得可分辨的干涉图,同时系统中不需要诸如 DM 监测系统的辅助设备。通过多重结构光线追迹算法消除检测过程中的回程误差。

2018 年,张磊等对 ANI 进行了改进,提出了一种基于模型的自适应非零位干涉仪[67],用于陡峭自由曲面的在位检测。该干涉仪中的 DM 和部分补偿镜[68-69]根据被测表面的标称面形提供部分像差补偿,以确保获得可分辨的干涉图,其中部分补偿镜的引入为陡峭自由曲面的检测提供了支持。

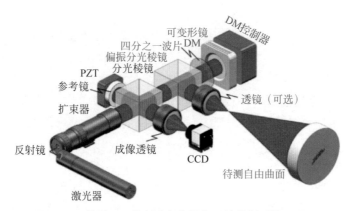

图 1.15　基于 DM 的自适应非零位干涉检测系统原理图

6) 倾斜波干涉法

倾斜波干涉仪[70]（TWI）是在泰曼-格林干涉仪的基础上改进而来的。与泰曼-格林干涉仪的不同之处：首先，在光路中的傅里叶平面上放置光阑，以限制探测器处探测到的条纹密度。其次，装置中采用位于准直系统焦平面上的二维点光源阵列进行照明，可以使测试光到达被测面时携带不同倾斜波。如图 1.16 所示，二维点源阵列发出的光经过分光棱镜后被分成两束，其中一束为参考光束，另一束为测试光束。在测试光路中，二维点源阵列发出的多束入射光，经过准直透镜组后产生多束具有不同倾角的球面波，因此可以认为二维点源阵列的使用在测试光路中引入了球面波点源阵列。多重倾斜球面波入射到待测样品上，对待测样品的局部区域进行梯度补偿，然后经待测样品反射回来的携带有待测样品面形偏差的倾斜波面再次经过准直镜组后入射到分光棱镜上，在分光棱镜处与参考波面发生干

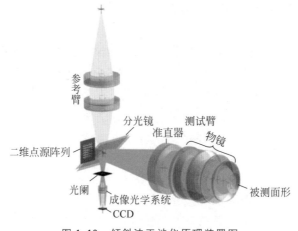

图 1.16　倾斜波干涉仪原理装置图

涉,经成像透镜后形成干涉图被 CCD 接收。通过对获得的干涉图进行解算、重构,将待测样品的面形信息恢复出来。

在非球面非零位的干涉检测中,非球面上任意一点的实际法线与非球面最佳拟合球面上该点的法线之间存在偏转角,这就导致入射光经过待测非球面后无法原路返回。此时测试波面与参考波面发生干涉时可能会由于测试波前倾角过大,导致干涉条纹过密,CCD 无法分辨。而倾斜波面干涉法是在检测系统中引入一个二维点光源阵列,产生多束具有不同倾角的入射波前,从而对被测非球面上各点的实际法线与最接近比较球面法线之间的偏转角进行补偿,以保证 CCD 可以探测到可分辨的干涉条纹。

参考文献

［1］ 龚大鹏.航天遥感相机焦平面技术研究［D］.长春:中国科学院长春光学精密机械与物理研究所,2015.

［2］ TROTTA P A. Precision conformal optics technology program［C］. Bellingham: Window and Dome Technologies and Materials Ⅶ. SPIE,2001,4375: 96-107.

［3］ 郝云彩.空间详查相机光学系统研究［D］.上海:中国科学院上海药物研究所,2000.

［4］ 李驰娟,孙吕峰,席喆,等.非球面光学零件的应用［J］.激光与红外,2013,43(3): 244-247.

［5］ 崔向群,高必烈,汪兴达,等.一种大口径大非球面度天文镜面磨制新技术［J］.光学学报,2005,25(3): 402-407.

［6］ JURANEK H J,高国龙.离轴望远镜:新一代地球观测望远镜(上)［J］.红外,2000,1: 5-11.

［7］ JURANEK H J,高国龙.离轴望远镜:新一代地球观测望远镜(下)［J］.红外,2000,2: 32-36.

［8］ 牛岗,樊仲维,王家赞,等.大功率半导体激光光纤耦合技术进展［J］.激光与光电子学进展,2004,41(3): 34-37.

［9］ 丁建东,丁永鑫.同步调节曲率和仰角的太阳能定焦接收装置:200920017490.0［P］.2009-11-11.

［10］ 喻秀英,王江,姜勇,等.半导体激光测距机非球面准直整形元件的设计［J］.电光与控制,2009,16(5): 71-73.

［11］ 代会娜.基于 ZEMAX 的 LCOS 微型投影镜头设计研究［D］.长春:长春理工大学,2010.

［12］ 杜娟.共心宽视场高分辨率成像方法研究［D］.西安:西安电子科技大学,2014.

［13］ 朱海丰,贾翠萍,方志良.非球面人工晶体设计及其光学性能研究［J］.光电工程,2009,36(4): 56-59.

［14］ 孙小银,李一壮,钱涛.非球面人工晶状体与球面人工晶状体的比较［J］.国际眼科杂志,2009,9(4): 752-756.

［15］ TSUTSUMI H. Ultrahighly accurate 3D profilometer［J］. Proceedings of SPIE-The International Society for Optical Engineering,2005,5638: 387-394.

[16] SCHWIDER J，ZHOU L. Dispersive interferometric profilometer[J]. Optics Letters，1994,19(13)：995.

[17] 汪洁,谢铁邦.接触与非接触两用表面轮廓综合测量仪[J].湖北工业大学学报,2005,20(5)：43-45.

[18] 张国雄.三坐标测量机的发展趋势[J].中国机械工程,2000,11(1)：222-226.

[19] 李春,刘书桂.三坐标测量机的测头半径补偿与曲面匹配[J].仪器仪表学报,2003,24(z1)：145-147.

[20] WANG Y，SU P，PARKS R E，et al. Swing arm optical coordinate-measuring machine：high precision measuring ground aspheric surfaces using a laser triangulation probe[J]. Optical Engineering,2012,51(51)：3603.

[21] WANG X. Measurement of large aspheric surface by stitching and coordinate measuring machine[J]. Hongwai Yu Jiguang Gongcheng/Infrared & Laser Engineering，2014，43(10)：3410-3415.

[22] QIU L,LI J,ZHAO W,et al. Laser confocal measurement system for curvature radii of lenses[J]. Optics & Precision Engineering,2013,21(2)：246-252.

[23] HUANG C,WU Y,FAN B,et al. A new method on measuring radius of curvature of a conic aspherical mirror[C]. Harbin：International Symposium on Advanced Optical Manufacturing and Testing Technologies,2014.

[24] 谢枫.部分补偿非球面检测法的关键问题研究[D].北京：北京理工大学,2010.

[25] 马拉卡拉.光学车间检测[M].杨力,伍凡,万勇建,等译.北京：机械工业出版社,2012.

[26] MACGOVERN A,WYANT J. Computer generated holograms for testing optical elements [J]. Appl. Opt.，1971,19(3)：619-623.

[27] 饶学军,凌宁,王成,等.哈特曼-夏克传感器在非球面加工中的应用[J].光学学报,2002,22(4)：491-494.

[28] 胡新奇,俞信,赵达尊.相关哈特曼-夏克波前传感器波前重构新方法[J].光学技术,2007,33(5)：710-713.

[29] YANG H,LEE Y,SONG J,et al. Null Hartmann test for the fabrication of large aspheric surfaces[J]. Optics Express,2005,13(6)：1839-1847.

[30] 王鹏.补偿法高精度光学非球面检测技术[D].长春：长春理工大学,2007.

[31] TIAN C,YANG Y,ZHUO Y. Generalized data reduction approach for aspheric testing in a non-null interferometer [J]. Appl. Opt.，2012,51(10)：1598-1604.

[32] MALACARA D. Optical shop testing [M]. New York：John Wiley & Sons,2007.

[33] 刘东.通用数字化高精度非球面干涉检测技术与系统研究[D].杭州：浙江大学,2010.

[34] LIU D,YANG Y,TIAN C,et al. Practical methods for retrace error correction in nonnull aspheric testing [J]. Optics Express,2009,17(9)：7025-7035.

[35] KIM T,BURGE J H,LEE Y,et al. Null test for a highly paraboloidal mirror[J]. Appl. Opt.，2004,43(18)：3614-3618.

[36] LI X，CEN Z. Geometrical optics，aberrations and optical design [M]. 3rd edition. Hangzhou：Zhejiang University Press,2014.

[37] 郭玲玲,任建岳,张星祥,等.基于曲面拟合的离轴非球面镜顶点半径计算方法[J].红外

与激光工程,2014,43(8):2694-2698.

[38]　ARNOLD S M. Figure metrology of deep general aspherics using a conventional interferometer with CGH null [J]. SPIE,1995,2536:106-116.

[39]　刘华,卢振武,李凤有. 大口径非球面计算全息图检测系统[J]. 红外与激光工程,2006, 35(2):177-182.

[40]　HUANG L,CHOI H,ZHAO W. Adaptive interferometric null testing for unknown freeform optics metrology[J]. Opt. Lett. ,2016,41(23):5539-5542.

[41]　ZHANG L,ZHOU S,LI D. Pure adaptive interferometer for free form surfaces metrology [J]. Optics Express,2018,26(7):7888-7898.

[42]　ZHANG L,LI C,HUANG X,et al. Compact adaptive interferometer for unknown freeform surfaces with large departure[J]. Optics Express,2020,28(2):1897-1913.

[43]　XUE S,CHEN S,FAN Z. Adaptive wavefront interferometry for unknown free-form surfaces[J]. Optics Express,2018,26(17):21910-21928.

[44]　VORONTSOV M A. Decoupled stochastic parallel gradient descent optimization for adaptive optics:integrated approach for wave-front sensor information fusion[J]. J. Opt. Soc. Am. A,2002,19(2):356-368.

[45]　XUE S,CHEN S,TIE G. Flexible interferometric null testing for concave free-form surfaces using a hybrid refractive and diffractive variable null[J]. Opt. Lett. ,2019,44(9):2294-2297.

[46]　XUE S,CHEN S,TIE G. Near-null interferometry using an aspheric null lens generating a broad range of variable spherical aberration for flexible test of aspheres [J]. Optics Express,2018,26(24):31172-31189.

[47]　XUE S,CHEN S,TIE G,et al. Adaptive null interferometric test using spatial light modulator for free-form surfaces[J]. Optics Express,2019,27(6):8414-8428.

[48]　KIM C,WYANT J. Subaperture test of a large flat on a fast aspheric surface[J]. J. Opt. Soc. Am. ,1981,71:1587.

[49]　季波. 子孔径拼接干涉检测非球面光学元件[D]. 南京:南京理工大学,2008.

[50]　戴一帆,曾生跃,陈善勇. 环形子孔径测试的迭代拼接算法及其实验验证[J]. 光学精密工程,2009,17(2):251-256.

[51]　侯溪,伍凡. 环形子孔径拼接算法的精度影响因素分析[J]. 光电工程,2006,33(8):113-116.

[52]　刘崇. 非球面环形子孔径拼接干涉测试方法研究[D]. 南京:南京理工大学,2009.

[53]　王孝坤,张学军,王丽辉. 环形子孔径拼接干涉检测非球面的数学模型和仿真研究[J]. 光学精密工程,2006,14(4):527-532.

[54]　JOHN E G. Sub-Nyquist interferometry[J]. Appl. Opt. ,1987,26(24):5245-5258.

[55]　GAPPINGER R O,GREIVENKAMP J E. Iterative reverse optimization procedure for calibration of aspheric wave-front measurements on a nonnull interferometer[J]. Appl. Opt. ,2004,43(27):5152-5161.

[56]　SULLIVAN J J. Non-Null interferometer for testing of aspheric surfaces[M]. Tucson:The University of Arizona Press,2015.

[57] CHENG Y Y,JAMES C W. Multiple-wavelength phase-shifting interferometry[J]. Appl. Opt. ,1985,23(24)：804-807.

[58] CREATH K. Step height measurement using two-wavelength phase-shifting interferometry[J]. Appl. Opt. ,1987,26：2810-2816.

[59] CREATH K,CHENG Y Y,WYANT J C. Contouring aspheric surfaces using two-wavelength phase-shifting interferometry［J］. Optica Acta：International Journal of Optics,1985,32(12)：1455-1464.

[60] ISHII Y,RIBUN O. Two-wavelength laser-diode interferometry that uses phase-shifting techniques[J]. Opt. Lett,1991,16：1523-1525.

[61] BITOU Y. Two-wavelength phase-shifting interferometry with a superimposed grating displayed on an electrically addressed spatial light modulator[J]. Appl. Opt. ,2005,44(9)：1577-1581.

[62] ABDELSALAM D G,DAESUK K. Two-wavelength in-line phase-shifting interferometry based on polarizing separation for accurate surface profiling［J］. Appl. Opt. ,2011,50：6153-6161.

[63] 张聪旸. 双波长光干涉光学系统设计与移相仿真研究[D]. 南京：南京理工大学,2014.

[64] 卓永模,李天平. 双波长数字波面干涉术及其误差的消除[J]. 浙江大学学报(自然科学版),1989(4)：30-39.

[65] HONDA T,HUANG J,TSUJIUCHI J,et al. Shape measurement of deep aspheric optical surfaces by radial shear interferometry［C］. Québec：Optics and the Information Age. SPIE,1987,813：351-352.

[66] ZHANG L,ZHOU S,LI J,et al. Adaptive optics based non-null interferometry for optical free form surfaces test［C］. Shanghai：Young Scientists Forum 2017. SPIE,2018,10710：681-690.

[67] ZHANG L,ZHOU S,LI D,et al. Model-based adaptive non-null interferometry for freeform surface metrology[J]. Chin. Opt. Lett,2018,16(8)：44-48.

[68] SULLIVAN J J,GREIVENKAMP J E. Design of partial nulls for testing of fast aspheric surfaces［C］. San Diego：Optical Manufacturing and Testing Ⅶ. SPIE,2007,6671：208-215.

[69] LIU D,SHI T,ZHANG L. Reverse optimization reconstruction of aspheric figure error in a non-null interferometer[J]. Appl. Opt. ,2014,53(24)：5538-5546.

[70] INES F,MANUEL S,AXEL W. Evaluation of absolute form measurements using a tilted-wave interferometer[J]. Optics Express,2016,24(4)：3393.

第 2 章

激光束偏转法与逆向哈特曼波前检测法

第 1 章简要介绍了光学非球面检测方法,其中在对精度要求不高的情况下,几何测量法是快速、低成本、高效的测量方法。激光束偏转法与逆向哈特曼波前检测法均为非接触式几何检测法,通过测量被测面的斜率和被测点的位置计算出被测面形。本章将进行详细介绍。

目前,激光束偏转法是检测非球面的重要方法之一,激光束偏转法不需要加补偿器或辅助光学系统,避免引入额外的系统误差。而且这种方法通用性强,可测各种非球面,包括凸面或凹面、二次面形或高次曲面,不需要标准参考面,测量相对孔径大、精度较高。但激光束偏转法也存在测量过程复杂、不全面、不直观的问题[1-2]。因激光束偏转法中激光束反射角的测量精度对面形精度有着极大的影响,故 2.1 节还对激光束反射角的测量作了重点介绍。

哈特曼波前检测法具有系统简单、稳定,成本较低,无需针对待测面型参数逐一进行系统的设计等优点。但传统的哈特曼波前检测法存在测量动态范围与空间分辨率难以同时提高,不能用于测量非球面度较大的零件,通用性不好等缺点。逆向哈特曼测量法克服了传统哈特曼波前检测法的缺点,利用其优势测量不同的非球面零件,无需加工新的辅助元件,具有一定的通用性,可以实现对光学元件的在位高精度检测。2.2 节将对逆向哈特曼波前检测法进行重点介绍。

2.1 激光束偏转法

激光束偏转法实质上是一种逐点测量的几何法,通过测量被测面的斜率和被测点的位置计算出被测面形。该方法主要用于测量镜面物体,包括凸面或凹面、二次面形或高次曲面,不需要标准参考面,测量相对孔径大,精度接近干涉法。

2.1.1　测量光路方案

激光束偏转法测量非球面的测量方案有很多种,本节针对不同的非球面,提出了三种测量方案。

1. 平移法

平移法的测量原理如图 2.1 所示,激光器发出光线,经会聚透镜聚焦后入射到被测物体表面上,光束经过被测面反射后,再经与激光入射光束成 45°放置的分束镜反射到线阵 CCD 上。由 CCD 上光斑的位置偏移距离和 CCD 与被测面的距离即可计算出激光照射处被测面的斜率 β。向同一方向水平移动检测台,每次移动距离 Δx,就可测得被测面上间隔 Δx 的各点处的斜率,通过计算得到被测表面的形貌。

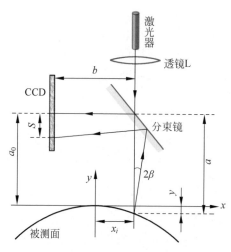

图 2.1　平移法测量原理图

设 S 为光斑位置相对于零点的距离,a 为激光入射方向上被测点与分束镜的距离,b 为入射激光和分束镜的交点与 CCD 光敏面的距离,2β 为激光反射后的偏转角,则有

$$\tan2\beta = \frac{S}{a+b} \tag{2.1}$$

$$\beta = \frac{1}{2}\arctan\left(\frac{S}{a+b}\right) \tag{2.2}$$

则被测点处的斜率为

$$\tan\beta = \tan\left[\frac{1}{2}\arctan\left(\frac{S}{a+b}\right)\right] \tag{2.3}$$

然后就可以根据被测面上各点的斜率,利用式(2.4)计算出被测面的表面形貌。

$$y(x) = -\sum_{i=0}^{n} \tan\beta(x_i)\Delta x \qquad (2.4)$$

式中,$y(x)$ 为被测面上横坐标为 x 处的点与被测面顶点的相对高度,i 为横坐标为 x 处的点之前的扫描点序号。

上述方法理论上可行,但是在实际测量中,a 是未知的,可以测得的是在激光入射方向上被测面顶点与分束镜的距离 a_0,并且 $a(x_i) = y(x_i) + a_0$,$a(x_i)$ 为 x_i 处激光入射方向上被测点与分束镜的距离。

所以在计算被测点的高度时一般采用迭代算法,步骤如下:先用 $a(x_{i-1})$ 代替式(2.3)中的 a,并由式(2.4)计算出 $y_1(x_i)$;再将 $y_1(x_i)$ 代入 $a(x_i) = y(x_i) + a_0$ 中,得出一个 $a_1(x_i)$,再用 $a_1(x_i)$ 代替式(2.3)中的 a 重新计算 $\tan\beta$,并再次由式(2.4)计算出一个 $y_2(x_i)$;如此反复迭代计算,逐渐逼近 $y(x_i)$ 的真值,直至先后两次计算得出的 $y_k(x_i)$ 与 $y_{k+1}(x_i)$ 之差小于某个值(比如小于 10 nm)为止,则将 $y_{k+1}(x_i)$ 作为计算出的 $y(x_i)$ 值。

这种方法适用于接近平面的被测面或相对孔径较小的表面。

2. 转动法

转动法的测量原理如图 2.2 所示,与平移法不同,转动法测量过程中检测台不移动,被测面绕其最佳参考圆的圆心 C 转动。最佳参考圆的圆心 C 和半径 R,是以被测面在转动过程中激光反射光束的最大偏转角度为最小而定,用以减小测量误差。转台带动被测面以一定的角度间隔 $\Delta\theta$ 转动,就可测得被测面上间隔 $\Delta\theta$ 的各点处的斜率,通过计算得到被测表面的形貌。

设 S 为光斑位置相对于零点的距离,a 为激光入射方向上被测点与分束镜的距离,b 为入射激光和分束镜的交点与 CCD 光敏面的距离,2β 为激光反射后的偏转角,则与平移法相同,被测点处的斜率为由式(2.3)给出。

然后就可以根据被测面上各点的斜率,利用式(2.5)计算出被测面的表面形貌。

$$\rho(\theta) = R\exp\left[\Delta\theta \sum_{i=0}^{n} \tan\beta(\theta_i)\right] \qquad (2.5)$$

式中,$\rho(\theta)$ 为被测面上角度为 θ 处的点与最佳参考圆圆心的距离,i 为角度为 θ 处的点之前的扫描点序号。

与平移法类似,在实际测量中 a 是未知的,可以测得的是在激光入射方向上最佳参考圆与分束镜的距离 a_0,并且 $a(\theta_i) = a_0 + R - \rho(\theta_i)$,$a(\theta_i)$ 为 θ_i 处激光入射

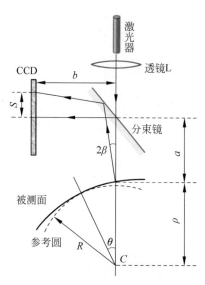

图 2.2 转动法测量原理图

方向上被测点与分束镜的距离。

所以在计算被测点的高度时同样采用迭代法,先用 $a(\theta_{i-1})$ 代替式(2.3)中的 a,并由式(2.5)计算出 $\rho_1(\theta_i)$;再将这个 $\rho_1(\theta_i)$ 代入 $a(\theta_i) = a_0 + R - \rho(\theta_i)$ 中,得出一个 $a_1(\theta_i)$,再用 $a_1(\theta_i)$ 代替式(2.3)中的 a 重新计算 $\tan\beta$,并再次由式(2.3)计算出一个 $\rho_2(\theta_i)$;如此反复迭代计算,逐渐逼近 $\rho(\theta_i)$ 的真值,直至先后两次计算得出的 $\rho_k(\theta_i)$ 与 $\rho_{k+1}(\theta_i)$ 之差小于某个值,则将 $\rho_{k+1}(\theta_i)$ 作为计算出的 $\rho(\theta_i)$ 值。

这种方法适用于测量曲率半径较小的表面。

3. 平移转动法

当被测面半径较大且相对孔径也较大时,上述两种方法已不适用,需用平移转动法测量,测量原理如图 2.3 所示。测量时,被测面绕其顶点 O 转动 θ_i,然后使检测台移动距离 $x_i = R\sin\theta_i$,R 为最佳参考圆半径,其定义方式与转动法相同,这时光束通过圆心。如果被测面恰好是一个半径为 R 的球面,则反射光按原路返回;若被测面为非球面,则反射光的光斑位置就会有一定的偏移,通过测得光斑偏移的距离就可测得反射角度。

平移转动法与转动法在数学计算与结果修正上相同。转动法单一地绕参考圆心转动,就可实现光束对表面的扫描,而平移转动法中表面绕顶点 O 转动,检测台需移动来检测被测面表面各点的信息,两者方法实质一样,后者多一个移动。

平移法和转动法不适合测量的表面,都可用平移转动法测量。平移转动法的

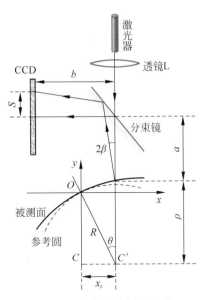

图 2.3 平移转动法测量原理图

测量范围没有限制,任何被测面都可测量,但因其多了一个运动,将会多引入一项误差,测量过程也较复杂。如果用同一台仪器可分别实现三种方法的测量,可根据被测面的实际情况选择最恰当的方法,以提高测量准确度,简化测量过程。

2.1.2 光斑位置测量

2.1.1 节所述的三种测量方法都采用线阵 CCD 测量角 β。

$$\beta = \arctan(S/2L) \tag{2.6}$$

式中,S 为光斑相对于零点的距离,L 为被测面到 CCD 的距离。若要得到精度高的 β 值,首要解决的是光斑位置 S 的精确位置测量。

光斑在探测面上具有一定的光强分布,通常的计算方法是求解光斑的能量中心,该方法可以满足一般精度要求。在高精度要求条件下,还需考虑背景噪声的影响。一般来说,由线阵 CCD 采集到的光强信号除光斑信号,还有一均匀的低电平,计算机采集后的灰度数值大约为 2(最大数值 256)。如图 2.4 所示,在所有像元上都有能量分布,数值起伏不大,主要是零电平调整不好和背景杂光两大因素引起的。

背景光的影响随环境光而变化,因此很难通过电路或程序去掉。由于模数转换量化噪声的存在也很难精确减去这一背景。这个背景尽管数值不大,但积分的结果对 S 的测量影响很大。

在光强曲线上,能量中心两边的面积相等,但由于光斑的分布通常不对称,而且曲线较复杂,能量中心往往与几何中心不重合。能量中心的计算要用到积分运

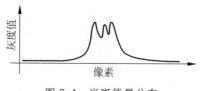

图 2.4 光斑能量分布

算,如果能量中心两边的积分区间不相等,则背景电平对积分结果有较大影响。也就是说,如要克服背景电平的影响,应使能量中心两边的积分区间相等。

设置一个积分区间,其宽度比光斑的最大宽度还要宽些,具体数值由实验而定。在这一区间内作能量中心计算,检查能量中心是否与区间中心重合;若不重合,将积分区间移动两者差值的一半;重复上述过程,直至能量中心与区间中心的坐标位置差小于允许值,即可完成能量中心的计算。

采用 5000 像素的线阵 CCD,像素尺寸 7 μm,则当 $L=400$ mm 时,单像素的角度当量为 $3.6''$,若要求 β 分辨率为 $0.5''$ 以下,应细分 10 倍。由上文可知,光斑位置的计算是一个反复迭代的过程,当能量中心与区间中心小于 0.1 像元时,停止计算过程,以确保有足够高的迭代分辨率。具体计算过程是:当能量中心与区间中心相差几个像元时,在中心附近点作线性插值。根据分辨率要求细分 10 倍,即能满足要求。将插值后细分的数据代入迭代过程,使能量中心的计算达到亚像元的精细度。

2.1.3 斜率计算

1. 平移法

被测点斜率 $\beta(x_i) = \arctan(S_i/2L_i)$。$L_i$ 为被测面到 CCD 的距离,L 为 CCD 靶面到转台轴心的距离,为已知量。因被测面顶点在转轴上,故有 $L_0 = L$,

$$L_i = L_0 - Y(x_i) \tag{2.7}$$

式中,$Y(x_i)$ 为待测量,因此 L_i 也不确定。解决办法为先用 $L_i = L_{i-1}$ 计算 $\beta(x_i)$,并以此计算出 $Y(x_i)$,代入式(2.7)修正 L_i 并计算 $\beta(x_i)$,再由式(2.7)计算 $Y(x_i)$,如此重复直至两次的计算结果相差 10 nm($\lambda/60$)以下时为止。

2. 转动法和平移转动法

转动法和平移转动法的测量过程虽有差别,但计算公式却完全一样。在转动法中用 $L_0 = L - R$,$L_i = L - \rho(\theta_i)$ 修正。在平移转动法中 $L_0 = L$,$L_i = L + R\cos\theta_i - \rho(\theta_i)$。对 $\beta(\theta_i)$ 的修正过程类似于平移法,但平移法是在直角坐标系下计算,$\beta(x_i)$ 为被测点切线与 x 轴的夹角,而在转动法和平移转动法中 $\beta(\theta_i) = \arctan(S_i/2L_i)$ 为被测点的法线与矢径的夹角。

在平移法中测量对象为近似平面,可用直角坐标积分。转动法和平移转动法一般用来测量相对孔径很大的被测面,用直角坐标积分误差较大,为此可在极坐标下求积分,然后再转换到直角坐标。

激光束偏转法测量非球面是一种通用性强、测量范围大的测量方法,光斑位置的计算方法通过克服背景的影响而提高了测量精度。三种测量方法的测量精度达到 $\lambda/10\sim\lambda/5$,接近干涉法的水平。

2.2　逆向哈特曼波前检测法

虽然哈特曼波前检测法具有系统简单、稳定,成本较低,无需针对待测面型参数逐一进行系统设计等优点,但是存在空间分辨率与动态范围难以同时提高的瓶颈问题,若能解决该问题,哈特曼波前检测法将有望成为复杂光学面形检测的有效手段。

2.2.1　逆向哈特曼波前检测法测量原理

为了解决传统哈特曼波前检测法的不足,本节介绍一种适用于大规模光学生产的高精度、低成本非球面面形检测方法——逆向哈特曼波前检测法(IHSFM)。

1. 逆向哈特曼波前检测法光路原理

逆向哈特曼波前检测法的光路系统如图 2.5 所示,整个系统由空间光调制器、分光镜、针孔、CCD 及计算机组成。由空间光调制器输出一幅点光源阵列图像,此阵列点光源发出的光线经分光镜反射后入射到被测镜面,由被测镜面反射的光线将携带被测面的面形斜率信息,反射光线再透过分光镜经针孔到达 CCD,形成一幅光斑阵列图像,通过分析光斑阵列图像可测得被测镜面的面形斜率,复原出被测镜的面形。

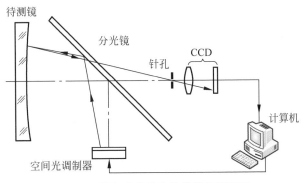

图 2.5　逆向哈特曼波前检测法光路图

在系统中,空间光调制器位于被测镜的焦面附近,针孔位于成像透镜的前焦面上,CCD 位于被测镜的像面位置。由于针孔的限制作用,空间光调制器上的某点只有一束细光线经被测面反射后穿过针孔到达 CCD。由光线在 CCD 上的光斑位置和成像透镜的放大率可测得光线在光瞳(被测镜)上采样点的位置;由光斑编号寻址得到光线在空间光调制器上的对应位置。因此,由光线在空间光调制器和光瞳采样点处的位置以及针孔的位置就确定了采样点处的入射光线和反射光线的位置和方向,入射光线和反射光线的斜率决定了采样点处的法线斜率,探测这些法线的斜率就可复原出被测面的面形。

将图 2.5 和图 1.6(传统哈特曼波前检测法测量原理图)对比可看出,逆向哈特曼波前检测法与传统哈特曼波前检测法所采用的光路不同。传统哈特曼波前检测法中光阑在光瞳面附近,在焦平面附近探测光斑的位置;在逆向哈特曼波前检测法中空间光调制器相当于哈特曼光阑,位于焦平面附近,而探测面在被测面上。由于该方法中哈特曼光阑和探测面在光路中的位置与传统哈特曼波前检测法中的位置相反,故称为逆向哈特曼波前检测法。采用逆向哈特曼波前检测法避免了传统哈特曼波前检测法中光线遮挡切割的问题,能够测量非球面度较大的零件,而且由于空间光调制器位于焦平面附近,因此它的尺寸可以比传统哈特曼光阑大大减小,使整个装置小型化。由于空间光调制器能够根据需要随时改变光线的编码方式,而无需重新制造新的器件,使哈特曼波前检测法的通用性得以大大扩展。

通常检测者更关心被测镜面的面形误差,因此有必要研究面形斜率与面形误差的关系,从而选择合适的坐标系来测量面形误差。

2. 基于球坐标的逆向哈特曼波前检测法

在球坐标中,空间一点 A 可用 (r,φ,θ) 唯一确定,如图 2.6 所示,其中 r 为球心即原点 O 到点 A 的距离;φ 为俯仰角,即有向线段 OA 与 z 轴的夹角;θ 为方位角,即有向线段 OA 在 xOy 平面内的投影与 x 轴正向之间的夹角。

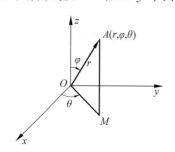

图 2.6 球坐标系中坐标位置表示

在球坐标中,非球面上的被测点 A 同样可用 (r,φ,θ) 唯一确定,如图 2.7 所示,图中 β 为采样点处的法线与比较球法线的夹角,即球坐标中的法线斜率,如果测得该点的 β 角,就可以得到该点与球心 O 的距离 r,只要测量出各采样点处的 (β,φ,θ),就可以复原出被测面的面形。

在非球面面形测量中,采用球坐标能有效降低面形斜率的动态范围[3-4],减小测量误差[2]。在球坐标下测量非球面零件面形可采用如图 2.8 所示的方法,将点光源 O 置于比较球面球心,只要测量出光线与光轴的夹角 φ,以及光线与被测面法线的夹角(即被测面法线与比较球法线的夹角)β,即可用式(2.8)计算出被测面的形状[5]。

$$r(\varphi) = R\exp\left[\int_0^\varphi \tan\beta(\varphi)\mathrm{d}\varphi\right] \tag{2.8}$$

式中,R 为最接近比较球的半径,可事先计算得到。

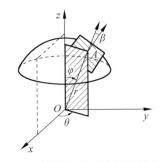

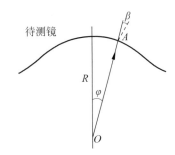

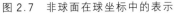

图 2.7　非球面在球坐标中的表示　　　　图 2.8　球坐标中测量非球面面形

如图 2.9 所示,在逆向哈特曼波前检测法中,根据光线可逆原理,假设由针孔出射的光线沿比较球面法线入射到被测面,经被测面反射后到达空间光调制器,只要测量出被测面法线相对于比较球面法线的斜率 β,以及反射光线与光轴的角度φ,即可复原出被测面的面形。由于测得的面形斜率 β 是基于比较球法线,而比较球法线是沿球坐标分布,因此这种面形测量法是一种基于球坐标的面形测量法。这样就有效降低了测量法线的斜率,提高了测量精度。

$$\begin{cases} \varphi = \arctan\left(\dfrac{\rho_0}{f}\right) \\ \theta = \theta_0 \end{cases} \tag{2.9}$$

式中,ρ_0 为光斑在 CCD 上的径向位置,f 为 CCD 透镜的焦距,θ_0 为光斑在 CCD上的方位角。

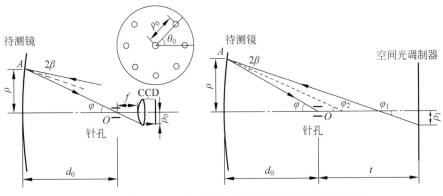

图 2.9　基于球坐标的逆向哈特曼波前检测法测量示意图

只要测量出采样点 A 与针孔 O 的距离 r,由 (r,φ,θ) 即可确定采样点 A 在球坐标中的位置。

根据 CCD 上的光斑序号,通过寻址得到光线在空间光调制器上对应的位置及其径向距离 ρ_1。由采样点到光轴的垂直距离 ρ 及 ρ_1,就可计算出反射光线的斜率 g_1。

$$\begin{cases} \rho = d\sin\varphi \\ g_1 = \tan\varphi_1 = \dfrac{\rho + \rho_1}{d\cos\varphi - t} \end{cases} \tag{2.10}$$

式中,d 为针孔到被测面顶点的距离,t 为空间光调制器到比较球心的距离。

入射光线与反射光线的夹角为 2β,则球坐标下所测的法线斜率为

$$g = \tan\beta = \tan\left(\frac{\varphi_1 - \varphi}{2}\right) \tag{2.11}$$

测得 (φ,β),即可由式 (2.8) 计算出被测面的面形,也可由测量得到的采样点法线的斜率矩阵 G,用泽尼克多项式[6]模式法重构被测波前相对于比较球面的波前,用泽尼克多项式描述波前可以表示为

$$W(\rho,\theta) = \sum_{i=0}^{\infty} c_i z_i(\rho,\theta) \tag{2.12}$$

式中,c_i 为第 i 阶权重系数,$z_i(\rho,\theta)$ 为第 i 阶泽尼克多项式,实际使用时通常根据需要取有限阶。由式 (2.12) 计算泽尼克多项式系数 C。

$$G = DC \tag{2.13}$$

式中,G 是采样点处法线斜率 g 构成的列向量,D 是模式重构矩阵,即斜率泽尼克多项式,C 是待确定的模式系数构成的列向量。

$$C = [c_1, c_2, \cdots, c_k]^{\mathrm{T}}$$

$$G = [g_1, g_2, \cdots, g_m]^{\mathrm{T}}$$

$$D = \begin{bmatrix} \dfrac{\partial z_1(\varphi,\theta)}{\partial \varphi}\bigg|_1 & \dfrac{\partial z_2(\varphi,\theta)}{\partial \varphi}\bigg|_1 & \cdots & \dfrac{\partial z_k(\varphi,\theta)}{\partial \varphi}\bigg|_1 \\ \dfrac{\partial z_1(\varphi,\theta)}{\partial \varphi}\bigg|_2 & \dfrac{\partial z_2(\varphi,\theta)}{\partial \varphi}\bigg|_2 & \cdots & \dfrac{\partial z_k(\varphi,\theta)}{\partial \varphi}\bigg|_2 \\ \vdots & \vdots & & \vdots \\ \dfrac{\partial z_1(\varphi,\theta)}{\partial \varphi}\bigg|_m & \dfrac{\partial z_2(\varphi,\theta)}{\partial \varphi}\bigg|_m & \cdots & \dfrac{\partial z_k(\varphi,\theta)}{\partial \varphi}\bigg|_m \end{bmatrix}$$

式中,m 为 CCD 上光斑编号,k 为模式复原阶数,D 是 φ 归一化以后所得的结果。对于式 (2.9) 的方程组,求出 D 的广义逆矩阵 D^+,就可以计算出系数矩阵 C 的最小二乘解,即

$$C = D^+ G \tag{2.14}$$

将 C 代入式(2.12),即可得到被测面在比较球面下的波前 W_m,将 W_m 代入式(2.15),即可得到被测面的面形

$$r_m(\varphi) = d \cdot \exp(W_m) \tag{2.15}$$

式中,d 为针孔到被测面顶点的距离。

将测量面形 r_m 与理论面形 r_t 相减,得到被测面的面形误差

$$\Delta r = r_m - r_t \tag{2.16}$$

2.2.2　测量分辨率、测量灵敏度及斜率测量范围

1. 测量分辨率

测量分辨率是测量器具对所测物理量的最小可靠分辨能力。空间光调制器上的点光源发出的光线被被测镜面反射后,在针孔之前的某点处成像,此像点对应被测镜面上一个采样区域,该采样区域大小决定了被测面上的分辨率。将如图 2.5 所示的光路沿比较球球心展开,空间光调制器与被测镜面之间的位置关系如图 2.10 所示。

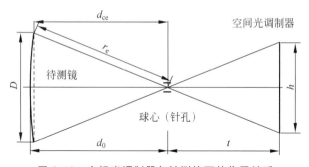

图 2.10　空间光调制器与被测镜面的位置关系

设被测非球面镜的口径为 D,针孔即比较球球心,到被测面顶点的距离为 d_0,针孔到被测镜面边缘的距离为 r_e,则针孔到被测镜边缘的垂直距离为

$$d_{ce} = \sqrt{r_e^2 - \left(\frac{D}{2}\right)^2} \tag{2.17}$$

设空间光调制器高度为 h,空间光调制器与被测镜比较球球心的距离为

$$t = \frac{h}{D} \cdot d_{ce} \tag{2.18}$$

被测非球面镜的焦距近似为

$$f'_m = f_m \approx \frac{d_0}{2} \tag{2.19}$$

对凹面镜,上式中 d_0 取负号。

设空间光调制器与被测球面镜的距离为 l,则

$$l = d_0 + t = d_0 + h\sqrt{\left(\frac{r_e}{D}\right)^2 - \frac{1}{4}} \tag{2.20}$$

如图 2.11 所示,由高斯成像公式,点光源 A 经被测镜成像后像点 A' 的像距为

$$l' = \frac{l \times f_m}{l + f_m} \tag{2.21}$$

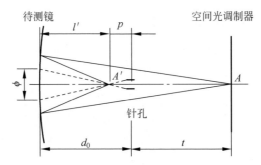

图 2.11　被测镜面上的采样点大小

像点 A' 距针孔的距离为

$$p = d_0 + l' \tag{2.22}$$

由于是凹面镜,上式中的 l' 为负值。

设针孔直径为 a,A' 在被测镜上所对应的采样点直径 ϕ 为

$$\frac{a}{\phi} = \frac{p}{-l'}$$

$$\phi = -\frac{a \cdot l'}{p} \tag{2.23}$$

将式(2.19)~式(2.22)代入式(2.23),可得

$$\phi = a\left[\frac{d_0}{h\sqrt{\left(\frac{r_e}{D}\right)^2 - \frac{1}{4}}} + 1\right] \tag{2.24}$$

上式已考虑了正负号,所有符号都取绝对值。

如果被测面为曲率半径 $R_0 = 120$ mm、口径 $D = 120$ mm 的球面镜,空间光调制器的宽度 $h = 9.601$ mm,如果针孔直径 $a = 0.066$ mm,则对应的采样点大小 $\phi = 1.018$ mm,因此在被测镜直径方向的测量分辨率为

$$R_{mt} = \frac{D}{\phi} = \frac{120}{1.018} = 118 \tag{2.25}$$

即对于上述球面镜,直径方向的理想测量分辨率为 118 pixel×118 pixel。

由于实际的点光源都有一定的宽度,因此实际的点光源 A 经被测镜后,在针孔前形成一个具有一定尺寸的像 A',如图 2.12 所示。

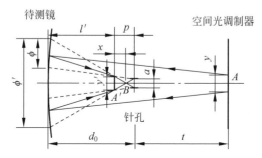

图 2.12　实际点光源在被测镜上形成的采样点

空间光调制器上的点光源高度为 y,像高为 y',则有

$$y' = \frac{nl'}{n'l}y = -\frac{l'}{l}y \tag{2.26}$$

由式(2.23),所成像上的每点对应的采样点大小 ϕ 是相同的,而各点中心不重合,像边缘光线和光轴的交点 B 与像点 A' 距离为 x,由等比定理,有

$$\begin{cases} \dfrac{y'+a}{a} = \dfrac{p}{p-x} \\ \dfrac{y'}{\phi'} = \dfrac{x}{x+l'} \end{cases} \tag{2.27}$$

因此,实际点光源在被测镜面上的采样点大小为

$$\phi' = y' + \frac{l'(y'+a)}{p} \tag{2.28}$$

如果空间光调制器上的实际点光源大小为 0.0375 mm×0.0375 mm(3 像元×3 像元),则对于上述曲率半径 $R_0 = 120$ mm 的球面镜,由式(2.28)计算的采样点大小为 $\phi' = 1.564$ mm,在被测镜直径方向上实际的测量分辨率为

$$R_{mr} = \frac{D}{\phi'} = \frac{120}{1.564} = 77 \tag{2.29}$$

即对于上述球面镜,直径方向的实际测量分辨率为 77 pixel×77 pixel。

2. 测量灵敏度

测量灵敏度是某一物理量变化一定数量,测量器具能够反应的最小量,它表征了测量器具的反应能力。与分辨率不同,测量灵敏度并不表征测量器具的最小可靠反应能力,是不考虑误差,只考虑对被测量的最小变化量的反应能力。测量灵敏度是衡量测量精度的重要指标之一,在逆向哈特曼波前检测法中,面形误差与面形斜率直接相关,因此面形斜率测量的灵敏度直接反映了面形误差测量的灵敏度。如图 2.13 所示,空间光调制器发出的光线经被测镜面反射后进入针孔,入射光线在空间光调制器上的坐标位置为 ρ_1,与光轴的夹角为 φ_1,在被测镜面上采样点处的径向位置坐标为 ρ,采样点与针孔的距离为 r_e,反射光线与光轴的夹角为 φ,入射光线与反射光线的夹角为 2β,针孔与被测镜面顶点的距离为 d_0,比较球球心与空间光调制器的距离为 t,由三角形关系式,有

$$\varphi = 2\beta + \varphi_1 \tag{2.30}$$

$$\tan\varphi_1 = \frac{\rho + \rho_1}{d_0 + t} \tag{2.31}$$

$$\rho = r_e \sin\varphi \tag{2.32}$$

将式(2.32)代入式(2.31),有

$$\tan\varphi_1 = \frac{r_e \sin\varphi + \rho_1}{d_0 + t} \tag{2.33}$$

将式(2.33)代入式(2.30),有

$$\varphi = 2\beta + \arctan\left(\frac{r_e \sin\varphi + \rho_1}{d_0 + t}\right)$$

$$2\beta = \varphi - \arctan\left(\frac{r_e \sin\varphi + \rho_1}{d_0 + t}\right) \tag{2.34}$$

用 $\dfrac{r_e \sin\varphi + \rho_1}{d_0 + t}$ 代替 $\arctan(\sim)$,并用 φ 代替 $\sin\varphi$,有

$$2\beta = \varphi - \frac{r_e \varphi + \rho_1}{d_0 + t}$$

$$\frac{(d_0 - r_e + t)\varphi - \rho_1}{d_0 + t} = 2\beta \tag{2.35}$$

对式(2.35)两边取导数,并用误差量代替微分量,有

$$2\Delta\beta = \frac{(d_0 - r_e + t)\Delta\varphi}{d_0 + t}$$

$$\Delta\beta = \left(1 - \frac{r_e}{d_0 + t}\right)\frac{\Delta\varphi}{2} \tag{2.36}$$

式(2.36)即逆向哈特曼波前检测法灵敏度的计算公式,对非球面零件,各点与针孔的距离 r_e 不同,因此不同口径处的灵敏度也不同。在近轴范围内,由于 $r_e \approx d_0$,则近轴时的测量灵敏度为

$$\Delta\beta \approx \frac{\Delta\varphi}{2\left(\dfrac{d_0}{t}+1\right)} \tag{2.37}$$

此处 $\Delta\varphi$ 为 CCD 上的坐标探测灵敏度。由于 d_0 随顶点曲率半径 R_0 增大而增大,因此在 CCD 上坐标探测灵敏度一定时,由式(2.37)近轴公式可推知,随被测镜面顶点曲率半径 R_0 增大,被测面法线测量的灵敏度 $\Delta\beta$ 提高;随口径 D 增大,测量灵敏度下降。

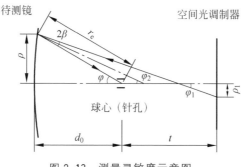

图 2.13　测量灵敏度示意图

3. 斜率测量范围

在实际测量中,逆向哈特曼波前检测法的测量分辨率会受到空间光调制器尺寸的限制,为了尽量利用空间光调制器的硬件特性,实现被测镜最大口径范围的测量,必须利用其最大尺寸,这也决定了逆向哈特曼波前检测法的最大斜率测量范围。

如图 2.14 所示,针孔到采样点处光线的最大斜率为

$$\tan\varphi = \frac{r}{d_0} \tag{2.38}$$

式中,r 为最大斜率光线在被测镜上的径向坐标,d_0 为针孔到被测面顶点的距离。

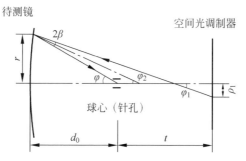

图 2.14　逆向哈特曼波前检测法测量范围示意图

采样点到针孔的光线最大斜率决定了进入针孔光线的边界,通过光线追迹,可得到采样点到空间光调制器的边缘光线斜率为

$$\tan\varphi_1 = \frac{r + r_1}{d_0 + t} \tag{2.39}$$

式中,r 为空间光调制器的半宽度,t 为比较球球心与空间光调制器的距离。

入射光线与反射光线的夹角为

$$2\beta = \varphi - \varphi_1 \tag{2.40}$$

由于 2β 很小,用 d_0 近似代替比较球半径,有

$$\frac{r}{r_1} \approx \frac{\sqrt{{d_0}^2 - r^2}}{t}$$

$$t \approx \frac{r_1 \sqrt{{d_0}^2 - r^2}}{r} \tag{2.41}$$

将式(2.41)代入式(2.39),得

$$\tan\varphi_1 = \frac{r(r + r_1)}{rd_0 + r_1 \sqrt{{d_0}^2 - r^2}} \tag{2.42}$$

被测面法线的径向斜率为

$$\beta = \frac{\varphi - \varphi_1}{2} \tag{2.43}$$

由三角公式,有

$$\tan\beta = \frac{\tan\varphi_1(-1 + \sqrt{1 + \tan^2\varphi}) - \tan\varphi(-1 + \sqrt{1 + \tan^2\varphi_1})}{\tan\varphi\tan\varphi_1 + [-1 + \sqrt{1 + \tan^2\varphi}][-1 + \sqrt{1 + \tan^2\varphi_1}]} \tag{2.44}$$

将式(2.42)代入式(2.44)可得

$$\tan\beta = \frac{\dfrac{r(r+r_1)}{rd_0 + r_1\sqrt{{d_0}^2 - r^2}}\left[-1 + \sqrt{1 + \left(\dfrac{r}{d_0}\right)^2}\right] - \dfrac{r}{d_0}\left[-1 + \sqrt{1 + \left(\dfrac{r(r+r_1)}{rd_0 + r_1\sqrt{{d_0}^2 - r^2}}\right)^2}\right]}{\dfrac{r}{d_0} \cdot \dfrac{r(r+r_1)}{rd_0 + r_1\sqrt{{d_0}^2 - r^2}} + \left[-1 + \sqrt{1 + \left(\dfrac{r}{d_0}\right)^2}\right]\left[-1 + \sqrt{1 + \left(\dfrac{r(r+r_1)}{rd_0 + r_1\sqrt{{d_0}^2 - r^2}}\right)^2}\right]}$$

$$\tag{2.45}$$

将 r、r_1、d_0 代入式(2.45),即可得到逆向哈特曼波前检测法能够测量的非球面最大斜率,只要被测非球面的最大法线斜率不大于所计算的斜率值,都能用现有空间光调制器的所有像元,得到较高的测量分辨率。

参考文献

［1］　MARTHA R A,RUFINO D U. Profile testing of spherical surfaces by laser deflectometry ［J］. Appl. Opt. ,1993,32：4690-4697.

［2］　HAO Q,ZHU Q D,WANG Y T. Deflectometer with synthetically generated reference circle for aspheric surface testing［J］. Optics & Laser Technology，2005,37(5)：375-380.

［3］　XIE F,HAO Q,ZHU Q. A best-fit sphere definition capable of reducing dynamic range in aspheric surface testing［C］. Beijing：Photonics Asia 2010 International Conference,2010.

［4］　谢枫,郝群,朱秋东. 基于斜率非球面度的非球面最接近比较球面定义［J］. 光学学报,2010, 30(11)：3197-3202.

［5］　刘惠兰,沙定国,郝群,等. 一种高次光学非球面度的计算方法［J］. 光电工程,2004,31(6)： 44-47.

［6］　NOLL R J. Zernike polynomials and atmospheric turbulence［J］. Opt. Soc. ,1977,67(8)： 1065-1072.

第 ③ 章

部分补偿数字莫尔移相干涉法

第 1 章介绍的干涉测量法中包括了非零位补偿测量法,部分补偿法也属于一种非零位补偿法。本章介绍的部分补偿数字莫尔移相干涉法是一种采用虚拟干涉仪软件建模,将实际干涉图和软件生成虚拟干涉图进行莫尔合成的方法,可以最大限度地消除测量中剩余波像差的影响,提高部分补偿法的测量精度。同时该方法只需要单幅实际干涉图进行解算,因此也是一种瞬态抗干扰的测量方法[1-2]。本章将详细介绍部分补偿法的基本原理,数字莫尔移相干涉法中虚拟干涉仪的建立,数字莫尔算法流程以及整个测量系统的标定和校正。

3.1 概述

部分补偿数字莫尔移相干涉法是部分补偿干涉测量方法的一种。与零位补偿法不同,部分补偿本身是一种折中的测量方法。对于深度非球面、复杂自由曲面而言,设计、制作一个波像差完全补偿的零位补偿器十分困难[3],这种情况下,部分补偿法成为一种易行的替代方案。部分补偿法中补偿器不必完全补偿被测面带来的波像差,测量过程中允许一定剩余波像差的存在[4],因此补偿器的设计制作要求大大降低,但也因为剩余波像差的存在,相较于零位补偿法,部分补偿法的测量精度往往有所下降[5]。

3.2 部分补偿法

3.2.1 基本原理

部分补偿法检测非球面是通过采用部分补偿镜来实现对大口径、深度非球面的高精度、通用化的测量方法。设计的部分补偿镜无需完全补偿非球面全部的法线像差,只需控制条纹密度在接收器的分辨范围内,法线像差可有部分余量。由于系统本身在设计过程中可以存在较大的波像差,使得补偿器的设计加工难度降低,便于实现用一种部分补偿透镜对多种参数的多个非球面进行测量,通用性广。

常用的部分补偿法的测量光路如图 3.1 所示,激光器发出的激光光束经准直扩束后得到平行光,通过分束镜后,被反射的一部分光经由参考平面镜反射后仍为平面波;另一部分透射光经过部分补偿镜补偿后,入射到待测非球面表面,由于通过补偿镜后仍存在固有的一部分像差,因此入射被测面的波前与被测面并不完全一致,其反射回的波前携带着固有的剩余波前和非球面面形误差信息再次经过部分补偿镜,在分束镜处与参考光路返回的参考光发生干涉,经由成像透镜最终由CCD 探测器采集。通过处理采集的干涉图最终辅以解算算法即可得到待测非球面面形误差[6]。

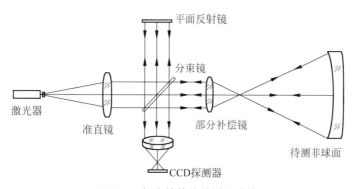

图 3.1　部分补偿法的测量光路

与零位补偿法相比,部分补偿法可以含有较大的波像差,因此对补偿器的要求有所放宽,降低了部分补偿镜设计加工的难度和成本。在系统装调方面,相比于零位检验,对装调精度和环境稳定性要求较低。因此部分补偿法既能实现高精度的面形测量,又能实现一个补偿器测量不同类型的非球面,增加了测量通用性,在大口径、深度非球面检测领域具有很好的应用前景。

3.2.2　非球面部分补偿镜设计

由测量原理可知,部分补偿镜是部分补偿中的关键元件。与零位补偿测量不同,部分补偿中允许系统存在较大的波像差,因此部分补偿镜的结构可以比零位补偿器简单,甚至可以是单透镜,部分补偿镜的设计方法和要求也不同于零位补偿器。

1. 部分补偿镜的设计原则与优化设计方法

由于部分补偿存在较大剩余波像差,因此即使被测面不存在面形误差时也会有干涉条纹。当条纹过密时不满足采样定理的要求无法记录分析,条纹过宽则不利于后续的数字莫尔滤波处理[7],可以通过调节干涉仪参考平面镜引入倾斜来得到单调且利于后期处理的干涉条纹。因而部分补偿测量对探测到的干涉图的条纹间距或者波像差的斜率有要求。需考察参考平面倾斜量的选择,同时也是对部分补偿镜的设计提出的设计原则。

图 3.2 为干涉仪中发生干涉的两波面的波像差曲线[8]。曲线 1 为加倾斜之前的波像差曲线,曲线 2 为由参考平面镜引入倾斜后的单调的波像差曲线。对于原波像差曲线 1,斜率最大的点为 A 和 B,加倾斜后的曲线 2 中 A 点对应的 A' 点斜率最小,B 点对应的 B' 点斜率最大,且大于 B 点的斜率。我们要求加倾斜之后的干涉条纹仍然能够满足 CCD 分辨的要求。

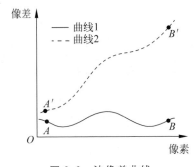

图 3.2 波像差曲线

为符合图像采集以及后期处理的要求,限制加倾斜后干涉图的条纹宽度在 $2\sim25\ \text{pixel}$,也就是波像差斜率 $\left(\dfrac{\mathrm{d}\omega}{\mathrm{d}x}\right)$,即单位像素间距上的波像差变化应在 $\lambda/25\sim\lambda/2$。通过推导得出需要增加的倾斜量 $\Delta\left(\dfrac{\mathrm{d}\omega}{\mathrm{d}x}\right)$ 的范围为

$$\frac{1}{25}+\left(\frac{\mathrm{d}\omega}{\mathrm{d}x}\right)_B<\Delta\left(\frac{\mathrm{d}\omega}{\mathrm{d}x}\right)<\frac{1}{2}-\left(\frac{\mathrm{d}\omega}{\mathrm{d}x}\right)_B \tag{3.1}$$

式(3.1)为需要增加的倾斜量的范围计算公式。由式(3.1)可知

$$\frac{1}{25}+\left(\frac{\mathrm{d}\omega}{\mathrm{d}x}\right)_B<\frac{1}{2}-\left(\frac{\mathrm{d}\omega}{\mathrm{d}x}\right)_B \tag{3.2}$$

因此,$\left(\dfrac{\mathrm{d}\omega}{\mathrm{d}x}\right)_B$ 应小于 $0.23\lambda/\text{pixel}$。即不加倾斜时,波像差曲线的最大斜率为 $0.23\lambda/\text{pixel}$,条纹间距要大于 $4.35\ \text{pixel}/\lambda$。将此作为部分补偿镜设计的一个重

要的约束控制条件,加入到部分补偿镜的优化设计中去。再运用光学设计软件(如CODE V)进行优化设计,利用宏命令修改优化设计时的约束控制,实现对波像差曲线最大斜率的限制。

另外,根据确定的附加倾斜量可以得到倾斜参考平面镜引入的条纹数以及参考平面镜的倾斜角度。倾斜参考平面镜引入的条纹数为

$$n_{\mathrm{F}} = \Delta\left(\frac{\mathrm{d}\omega}{\mathrm{d}x}\right)n_{\mathrm{pixel}} \tag{3.3}$$

式中,n_{pixel} 为图像直径方向的像素数。

参考平面镜的倾斜角度 α 可由式(3.4)计算。

$$\alpha = \frac{n_{\mathrm{F}}\lambda}{2D} \tag{3.4}$$

式中,D 为参考平面镜的有效口径。

设计部分补偿镜时,设计原则是控制波像差的最大斜率。以运用 CODE V 光学设计软件进行优化设计为例,可利用宏命令修改优化设计时的约束控制,从而实现对波像差曲线最大斜率的限制,设计出符合要求的部分补偿镜。

CODE V 自身提供 5 条参考光线:$R_1 \sim R_5$,定义见表 3.1。除此以外,还允许用户自定义 4 条参考光线($R_6 \sim R_9$)。

表 3.1　CODE V 中参考光线的定义

光线标志	光线描述	入瞳相对坐标	
R_1	主光线	$x=0$	$y=0$
R_2	子午面上光	$x=0$	$y=1-(+y$ 渐晕系数$)$
R_3	子午面下光	$x=0$	$y=-[1-(-y$ 渐晕系数$)]$
R_4	弧矢面上光	$x=1-(+x$ 渐晕系数$)$	$y=0$
R_5	弧矢面下光	$x=-[1-(-x$ 渐晕系数$)]$	$y=0$

经大量设计实例发现,在一般情况下波像差曲线斜率最大处在边缘位置。因此应在设计过程中对边缘处的波像差斜率予以控制。另外还发现另一处波像差斜率较大的位置是 0.5 孔径附近。因此也可以在设计中将其加入控制。

在部分补偿镜的设计中只有一个零视场,因此 $R_2 \sim R_5$ 都可以代表边缘光线。假设用于图像采集的 CCD 最大像素为 1200×1200,为充分利用 CCD 像素,定义设计软件输出的像面矩阵为 1024 pixel$\times$1024 pixel。定义几条像面上边缘像素所对应的光线,由 R_2 和 R_6 确定波像差斜率约束项@A,由 R_6 和 R_7 确定波像差斜率约束项@B

$$@A = \mathrm{OPD}(R_2) - \mathrm{OPD}(R_6) \tag{3.5}$$

$$@B = \mathrm{OPD}(R_6) - \mathrm{OPD}(R_7) \tag{3.6}$$

另外定义两条光线 R_8、R_9，考察在 0.5 口径光线波像差的斜率。由这两条光线确定波像差斜率约束项 $@C$。

$$@C = \mathrm{OPD}(R_8) - \mathrm{OPD}(R_9) \tag{3.7}$$

因此可增加三项附加约束：$|@A| < 0.23\lambda$，$|@B| < 0.23\lambda$，$|@C| < 0.23\lambda$。
下面考察各约束控制在优化设计时的作用。

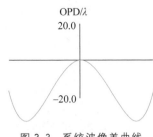

图 3.3　系统波像差曲线

以一凸非球面为例，对其进行部分补偿镜设计。非球面的参数为：$R_0 = 231\ \mathrm{mm}$，$D = 70\ \mathrm{mm}$，$K = -0.3$。用一口径为 80 mm 的平凸单透镜对其进行部分补偿。在没有附加约束的情况下，优化得到的系统的波像差如图 3.3 所示，波像差的 PV 值及其各约束项的结果见表 3.2。可以得到波像差的斜率最大值为 $0.31656\lambda/\mathrm{pixel}$，位置在边缘点，设计结果不满足要求。

表 3.2　优化设计后波像差的 PV 值及其各约束项结果

PV	$@A$	$@B$	$@C$
32.745λ	0.31656λ	0.31294λ	0.12579λ

分别加入各约束控制后再进行优化，系统的波像差曲线和数据结果分别如图 3.4 和表 3.3 所示。可以看出，加入对 $@A$ 的约束控制后，波像差的斜率得到了控制，优化的结果满足要求。可见约束控制效果很明显。若只控制 $@B$ 和 $@C$，还不能完全控制住波像差的斜率。另外还证明了波像差的最大斜率出现在边缘点处。

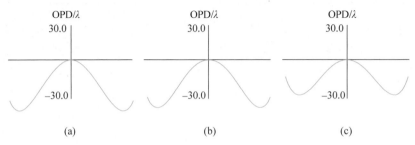

图 3.4　分别加入各约束控制进行优化后系统的波像差曲线

图(a)～图(c)分别代表约束控制为 $@A$、$@B$ 和 $@C$ 优化后的系统波像差曲线

表 3.3　分别加入各约束控制进行优化后数据结果

优化时的约束控制	PV	@A	@B	@C	最大的波像差斜率	最大波像差斜率的位置
@A	46.106λ	0.230λ	0.227λ	−0.166λ	0.23λ/pixel	边缘点
@B	45.514λ	0.233λ	0.230λ	−0.165λ	0.23λ/pixel	边缘点
@C	32.578λ	0.315λ	0.311λ	−0.125λ	0.32λ/pixel	边缘点

　　若使约束控制更加严格,可将各约束控制设置为小于 0.18λ。分别加入各约束控制进行优化后,系统的波像差曲线和数据结果分别如图 3.5 和表 3.4 所示。

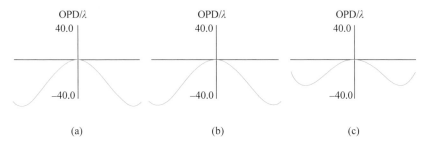

(a)　　　　　　　　　(b)　　　　　　　　　(c)

图 3.5　分约束控制进行优化后系统的波像差曲线

表 3.4　分约束控制进行优化后数据结果

优化时的约束控制	PV	@A	@B	@C	最大的波像差斜率	最大波像差斜率的位置
@A	55.180λ	0.180λ	0.177λ	−0.191λ	0.191λ/pixel	约 1/2 口径处
@B	54.552λ	0.183λ	0.180λ	−0.189λ	0.189λ/pixel	约 1/2 口径处
@C	32.578λ	0.315λ	0.311λ	−0.125λ	0.313λ/pixel	边缘点

　　从只加入约束控制 @A 或 @B 的优化结果可见,当边缘点的波像差斜率严格控制,而其他位置的斜率未加以控制时,最大的波像差斜率出现在约 1/2 口径处。从加入约束控制 @C 的优化结果可见,由于优化设计程序的原因,当约束满足要求后,优化程序不再继续,这时最大的波像差斜率仍然出现在边缘点处。这同样证明了一般情况下最大的波像差斜率出现在边缘点处。

　　若同时控制 @A 和 @C,由于自变量较少,所以应尽量减少控制约束的数量。在此设计中发现 @A 大于零,@C 小于零。因此控制 @A<0.19λ,@C>−0.19λ。得到的部分补偿镜结构及测试光路结构如图 3.6 所示。波像差曲线及波像差数据如图 3.7 和表 3.5 所示。

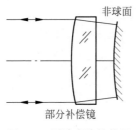

图 3.6　测试光路结构图

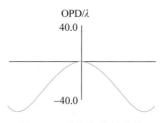

图 3.7　系统波像差曲线

表 3.5　优化设计后波像差的 PV 值及其各约束项结果

PV	@A	@B	@C	最大的波像差斜率	最大波像差斜率的位置
53.301λ	0.190λ	0.187λ	-0.186λ	0.19λ/pixel	边缘点

由上面的分析可以得到,当要求不是很严格时,首先控制边缘点的波像差斜率,一般就可以得到满足要求的结果。当要求更严格时,边缘点得到严格的控制,这时半口径处的斜率就会增加。因此有时需要将边缘点与半口径处的斜率同时加以控制。我们还发现@B 的斜率总是小于@A 的,所以在优化时可以将其去掉,只将其显示出来供验证。

由于部分补偿镜的结构与一般的零位补偿器相比更加简单,有时只需用一片透镜,因此优化设计的自变量较少。优化设计时约束控制的数目要小于自变量数目,因此限制了约束控制的数目。另外为节省优化运算时间,提高优化速度,某些约束条件可以不加入优化设计中,只将其显示出来供验证,当需要时再将其加入优化设计中。以下总结部分补偿镜优化设计的一般步骤:

(1) 输入初始结构,并设置参数;

(2) 选择自变量;

(3) 在优化设计程序中加入一般性的约束条件,如玻璃厚度、间距等;

(4) 加入约束控制@A,只显示@B 和@C,进行优化;

(5) 当@A 无法满足时,考虑增加自变量或修改结构;

(6) 当@A 满足而@C 不满足时,加入@C 进行优化,自变量较少时可根据各约束的正负调整减少约束条件数;

(7) 当@A 满足@C 也满足时,可适当调整缩小约束条件的要求范围,使约束控制更加严格,再进行优化,以期望得到更好的结果;

(8) 若结果足够好,则结束优化设计。

按照以上步骤,将相应的宏语言段作为优化时的基本处理组,在实际优化设计时,再根据具体情况加入一些其他约束条件,就可以实现利用 CODE V 进行部分补偿镜的设计。

2. 针对不同参数非球面的部分补偿镜设计

通过针对不同参数的非球面尤其是不易检测的凸非球面进行部分补偿镜设计,可验证设计方法和设计流程的有效性。

1)与已有零位补偿器比较

从部分补偿的原理可以看出,部分补偿镜的结构比零位补偿器简单得多。比较部分补偿透镜与其他已有零位补偿器,可充分证实这一点。

(1)与"检测非球面的准万能补偿器"比较

针对一部分非球面,徐斌、王文生设计了一种准万能补偿器[9]。补偿器结构为三片透镜,检测光路结构如图 3.8 所示。通过改变补偿器相对于被检非球面的位置以及补偿器相对于进入补偿器的球面波前中心的位置,实现对某些抛物面、椭球面、双曲面的零位补偿检测。但经分析,此补偿器所测非球面的非球面度均在一个波长左右。因此应用前面提出的方法,可以用单透镜实现对准万能补偿器设计中所有非球面的部分补偿检测。

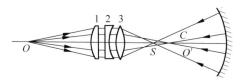

图 3.8　准万能补偿器的检测光路结构图

例如,准万能补偿器设计中的几种被测非球面(均为凹面)结构参数见表 3.6。

表 3.6　几种被测非球面的结构参数

非球面	结　构　参　数	最大非球面度(632.8 nm)	相对孔径 D/R_0
抛物面	$D=100,R_0=800,e^2=1$	0.60λ	1/8
椭球面	$D=236.5,R_0=1926.4,e^2=0.6$	0.81λ	1/8.15
双曲面	$D=44.8,R_0=373.6,e^2=1.5$	0.36λ	1/8.34

可见几种非球面的相对孔径 D/R_0 都在 1/8 左右,因此设计一相对孔径为 1/8 的平凸透镜作为部分补偿镜。结构参数见表 3.7。

表 3.7　部分补偿镜结构参数

表　面　序　号	曲率半径 R/mm	厚度 d/mm	玻璃	口径 D/mm
1	∞	6	K9	30
2	-126.3324	—	—	—

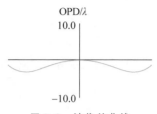

图 3.9　波像差曲线

对上面三种非球面补偿后,剩余波像差 PV 值均小于 4 个波长,波像差斜率也满足要求。用此部分补偿镜补偿表 3.6 中双曲面后的波像差曲线如图 3.9 所示。

（2）与奥夫纳(Offner)补偿器比较

当被测非球面为一大型凹非球面,结构参数为 $D=630,R_0=2991.5,e^2=1$；非球面的最大非球面度约为 $18\lambda(632.8\ \text{nm}),D/R_0=1/4.75$。设计应用点光源的三片结构的奥夫纳补偿器来进行检测[10],测试光路如图 3.10 所示。

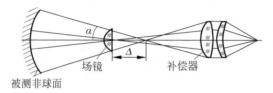

图 3.10　用零位补偿器检测凹非球面的测试光路图

因为非球面为凹面,需部分补偿镜的球差与非球面法线像差相反,即需要部分补偿镜产生负球差。单个正透镜就可以产生负球差,因此容易做到。应用前文提到的部分补偿镜设计方法,可以用一个单透镜实现对非球面的检测。部分补偿镜的结构参数和补偿后的波像差曲线分别见表 3.8 和图 3.11。对非球面进行补偿后,剩余波像差 PV 值为 19.004λ,波像差斜率也满足要求。

表 3.8　部分补偿镜结构参数

表面序号	曲率半径 R/mm	厚度 d/mm	玻璃	口径 D/mm
1	∞	7	K9	50
2	-127.6006	—	—	—

可见应用该方法,用一片口径为 50 mm 的平凸透镜就可以实现对此非球面的检测。而用法线像差补偿法,零位补偿器需要用到三片结构的奥夫纳补偿器。用该方法设计的补偿器比零位补偿器结构简单,因而降低了成本,也降低了装调的难度。

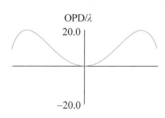

图 3.11　波像差曲线

2）针对 F3 的凹非球面设计部分补偿镜

下面针对 F3 的凹非球面进行部分补偿镜的设计。被测非球面的参数见

表 3.9。

表 3.9　被测非球面参数

口径 D/mm	非球面系数 $K=-e^2$	顶点曲率半径 R_0/mm	相对孔径 D/R_0	非球面度
1050	-0.966053	3156.69	1/3	114.5098λ

因为凹椭球面的法线像差为正值,部分补偿镜需产生负球差。正透镜产生负球差,因此较易实现设计。同时因被测非球面的非球面度很大,部分补偿镜可设计采用入射口径为 40 mm、相对孔径为 1/3 的双胶合结构,结构参数见表 3.10。

表 3.10　部分补偿镜的结构参数

表 面 序 号	曲率半径 R/mm	厚度 d/mm	玻璃
1	-177.0648	16.3996	ZF2
2	-22.2168	6.1766	ZF1
3	-75.3754	—	

在测试光路中,经过一次非球面反射,两次部分补偿镜补偿后,系统剩余的波像差峰谷值为 0.354λ。用 1024 pixel × 1024 pixel 的 CCD 采集,加倾斜前最密的条纹间距为 23.8 pixel/λ,大于 4.35 pixel/λ,满足设计要求。

补偿器的球差曲线与非球面的法线像差曲线如图 3.12 所示。图中曲线 1 为非球面法线像差曲线,曲线 2 为补偿器球差曲线,曲线 3 为部分补偿后的剩余量。

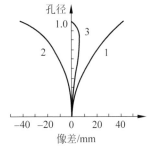

图 3.12　补偿器的球差曲线与非球面的法线像差曲线

由像差理论可知,单透镜的球差与口径的平方成正比[11]。因此加大部分补偿镜的口径可产生更大的球差,易实现对法线像差较大的凹非球面的补偿。因此加大部分补偿镜的口径为 80 mm,用一个单透镜就可实现对该非球面的补偿。部分补偿镜的结构参数见表 3.11。

表 3.11　单片部分补偿镜结构参数

表 面 序 号	曲率半径 R/mm	厚度 d/mm	玻璃
1	-472.89	19.5982	K3
2	-109.14	—	—

在测试光路中,经过一次非球面反射、两次部分补偿镜补偿后,系统剩余的波像差峰谷值为 22.439λ。用 1024 pixel × 1024 pixel 的 CCD 采集,加倾斜前最密的

条纹间距为 5.62 pixel/λ,大于 4.35 pixel/λ,满足设计要求。

3)针对 F2 的凹非球面设计部分补偿镜

被测非球面为 F2 的凹非球面,参数见表 3.12,针对其设计部分补偿镜。

表 3.12 被测非球面参数

口径 D/mm	非球面系数 $K=-e^2$	顶点曲率半径 R_0/mm	相对孔径 D/R_0	非球面度
580	-0.499365	1179.447	1/2	107.1λ

因为此凹非球面相对孔径较大,其口径边缘点法线像差约为 17 mm,非球面度也较大,因此需要用产生较大负球差的部分补偿镜进行补偿。设计部分补偿镜的入射口径为 80 mm,用一个单透镜就可以实现对非球面的补偿。部分补偿镜的结构参数见表 3.13。测试光路结构如图 3.13 所示。在测试光路中,经过一次非球面反射、两次部分补偿镜补偿后,系统剩余的波像差峰谷值为 6.395λ。用 1024 pixel×1024 pixel 的 CCD 采集,加倾斜前最密的条纹间距为 11.36 pixel/λ,大于 4.35 pixel/λ,满足设计要求。

表 3.13 部分补偿镜结构参数

表 面 序 号	曲率半径 R/mm	厚度 d/mm	玻璃
1	240.4	19.776	BAK2
2	-153.504	1349.589	—

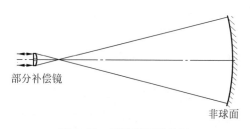

图 3.13 测试光路结构图

4)针对 F1 的凸非球面设计部分补偿镜

被测面为 F1 的凸非球面,参数见表 3.14。针对此非球面设计部分补偿镜。

表 3.14 被测非球面参数

口径 D/mm	非球面系数 $K=-e^2$	顶点曲率半径 R_0/mm	相对孔径 D/R_0	非球面度
80	-0.84	80	1/1	200λ

此非球面不仅相对孔径大,非球面度也很大,而且是凸面,需要部分补偿镜产

生很大的正球差,用简单的透镜难以实现。补偿器的补偿能力与口径有关,通常口径越大,越易实现补偿,结构越简单。因此设计入射口径为 80 mm,三片式结构的部分补偿镜。结构参数见表 3.15。若补偿器入射口径为 40 mm 时,三片透镜已不能实现补偿,需要用更复杂的结构。

表 3.15　部分补偿镜结构参数

表 面 序 号	曲率半径 R/mm	厚度 d/mm	玻璃
1	117.00	11.13	BaK7
2	62.02	64.99	—
3	203.14	21.51	ZF6
4	−258.46	11.99	—
5	76.77	20.38	ZF6
6	174.42	—	

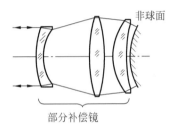

非球面

部分补偿镜

图 3.14　测试光路结构图

在测试光路中,经过一次非球面反射、两次部分补偿镜补偿后,剩余的波像差峰谷值为 17.269λ,若出射波面用 1024 pixel × 1024 pixel 的 CCD 采集,最密的条纹间距为 7.04 pixel/λ,满足设计要求。测试光路结构如图 3.14 所示。

在针对大相对孔径、大非球面度的凸非球面的部分补偿镜的设计中,只用了三片透镜。可见部分补偿镜的结构比零位补偿器的要简单得多。

5) 针对 F4 的凸非球面设计部分补偿镜

下面针对相对孔径为 1/4 的凸非球面设计部分补偿镜。非球面参数见表 3.16。

表 3.16　被测非球面参数

口径 D/mm	非球面系数 $K=-e^2$	顶点曲率半径 R_0/mm	相对孔径 D/R_0	非球面度
60	−1	240	1/4	2.88λ

对于凸非球面,需要用正透镜检验。由部分补偿法的测试原理,对于法线像差较小的凸非球面,可以用球差尽量小的单透镜来补偿。此非球面相对孔径较小,非球面度也不大,由单透镜球差与口径的关系,我们设计口径与被测非球面口径尽量接近的单透镜对此非球面进行补偿,设计部分补偿镜的口径为 65 mm。结构参数见表 3.17。经验证当部分补偿镜口径为 80 mm 时,负球差加大,已不能用单透镜测量该非球面。

表 3.17　部分补偿镜结构参数

表 面 序 号	曲率半径 R/mm	厚度 d/mm	玻璃
1	200.27	15	ZF6
2	∞	—	—

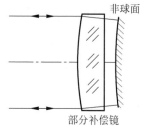

图 3.15　测试光路结构图

在测试光路中,经过一次非球面反射、两次部分补偿镜补偿后,剩余的波像差峰谷值为 21.267λ,若出射波面用 1024 pixel×1024 pixel 的 CCD 采集,最密的条纹间距为 4.9 pixel/λ,满足设计要求。测试光路结构如图 3.15 所示。

在针对小相对孔径、小非球面度的凸非球面的部分补偿镜的设计中,只用了一个单透镜。这正是非球面部分补偿镜设计方法的优点,而在零位补偿镜的设计中是不可想象的。

3. 部分补偿镜补偿范围的研究

由测量原理可知,经部分补偿镜补偿后的剩余波像差可以比较大,只要波像差的最大斜率满足采集干涉条纹的要求,就可以检测该非球面。因此,一种部分补偿镜可测量一定范围内多种参数的非球面。分析部分补偿镜能够补偿的非球面度范围与 CCD 像素数、相对孔径和被测非球面的非球面度的关系,以及单片部分补偿镜的测量范围与透镜口径和相对孔径的关系如下。

(1) CCD 像素数越大,像元尺寸越小,所拍摄的干涉条纹可以更密集,这就降低了部分补偿透镜的补偿能力要求,部分补偿透镜的设计就越容易;同样尺寸 CCD,总像素数增加至 4 倍,测量范围增加至 2 倍。

(2) 部分补偿镜的相对孔径与被测非球面的相对孔径基本相同,因此部分补偿镜对非球面度的补偿范围与非球面的相对孔径有关:补偿范围随着相对孔径 D/R 减小而增加;相对孔径 D/R 相同时,部分补偿镜的补偿范围随着被测面非球面度的减小也会增加。

改变顶点曲率半径和二次曲面系数均可改变其非球面度,计算中采取改变二次曲面系数。表明这些关系的仿真计算结果见表 3.18 和表 3.19。

表 3.18　不同相对孔径的补偿范围比较

相对孔径 D/R_0	非球面系数 K	顶点曲率半径 R_0/mm	补偿范围(632.8 nm)
1/1	-0.84	80	约 16λ
1/1.5	-1	120	约 21λ
1/3.3	-1	264	约 22.6λ
1/4	-1	240	约 24.7λ

表 3.19　不同非球面度的补偿范围比较

相对孔径 $R_0(D/R_0=1/1)$	非球面系数 K	非球面度	补偿范围(632.8 nm)
80 mm	0	0	约 20.6λ
80 mm	-0.4	104λ	约 18.5λ
80 mm	-0.84	200λ	约 16λ

应用部分补偿方法可使补偿镜的结构简单,一般情况下单透镜就可以实现测量。尤其是在测量凹非球面时,部分补偿镜几乎都可以做成单透镜。对于单片部分补偿镜,相同口径下,可测量非球面的非球面度随着相对孔径的增大而整体提高,即随着顶点曲率半径 R_0 减小而增大;相同相对孔径下,单片部分补偿镜可测量非球面的非球面度随着口径的增大而整体提高。这是由于单透镜的球差与口径的平方成正比,随口径和相对孔径的增大而增大。

分析上面结果可以认为:影响部分补偿镜补偿范围的最重要因素是被测非球面的非球面度,相同条件下非球面度的增大会使补偿范围缩小。

下面讨论部分补偿镜所能测量的非球面顶点曲率半径、非球面系数的变化范围[12],这样更有助于在实际应用中发挥部分补偿镜的优势。

在设计成功的部分补偿镜中选择一种,在光学设计软件 CODE V 中输入光学系统参数,较大范围地改变所检测非球面的顶点曲率半径 R_0,其他参数不变,然后将对波像差斜率的要求作为光学系统的优化条件,即 $0.04<\mathrm{d}\omega/\mathrm{d}x<0.5$ 对系统进行优化,考察能否在该顶点曲率半径下得到满足条件的光学系统。对不同部分补偿镜和非球面计算后,求出 R_0 可测范围见表 3.20。

表 3.20　同一种部分补偿镜对应的非球面 R_0 可测范围

相对孔径 D/R	顶点曲率半径 R_0/mm	R_0 可测范围/mm	ΔR_m/mm	最初非球面度	可测非球面度范围
1/1	80	77～83	±3	201.2λ	180.5λ～225.1λ
1/2	1179.447	963～1234	$-216.447,+54.553$	107.1λ	93.5λ～197.6λ
1/3	3156.69	2835～3437.69	$-321.69,+281$	114.5λ	88.7λ～157.8λ
1/4	240	10～250	$-230,+10$	2.88λ	2.55λ～14298.2λ

表 3.20 中 ΔR_m 表示对应的最初顶点曲率半径 R_0 可以增减的最大数值。ΔR_m 向正负两个方向变化,但并非关于 R_0 对称;ΔR_m 绝对值会单纯随 R_0 的增大而增大。计算结果表明,用同一种部分补偿镜可以测量 R_0 变化较大的同种面形非球面。

对 R_0 和 K 同时变化的情况也进行了同样的运算,波像差的斜率条件仍然是最重要的约束,计算结果见表 3.21。

表 3.21　同一种部分补偿镜对应的非球面 R_0 和 K 可变范围

D/R	K	R_0/mm	$\Delta R_\text{m}/\text{mm}$	ΔK_m
1/1	−0.048	80	0	0
1/2	−0.499365	1179.447	±7.25	±0.003
1/3	−0.966053	3156.69	±13.23	±0.004
1/4	−1	240	±2.5	±0.013

对同一种部分补偿镜测量的非球面,同时变化 R_0 和 K,由计算结果发现:可测非球面的 ΔK_m 会随 K 的增大而增大;ΔR_m 随 R_0 的增大而增大,即 R_0 数值越大,可变化的范围越大,但 K 没有类似的规律;K 的变化范围随相对孔径 D/R 的减小而增大。相对孔径为 1/1 的非球面为凸面,与部分补偿镜距离很小,难以测量 R_0 和 K 同时可变的情况。与表 3.21 单纯改变 R_0 比较,同时改变 R_0 和 K,R_0 的可变范围就窄很多。这是因为受到部分补偿镜能够补偿的非球面度的限制。

综上分析可知,一种部分补偿镜可以测量 R_0 和 K 多种组合的非球面,在 K 不变时,可测量变化较大的 R_0。

3.2.3　自由曲面部分补偿镜设计

光学自由曲面可以显著提高光学系统的性能,同时简化系统结构,从而广泛应用于航空航天、照明、生物医学工程等领域[13]。光学测量提供了非接触式测量手段,可以以高分辨率一次性测量整个表面,因此广泛应用于光学自由曲面检测。3.2.2 节介绍过,相比于传统的零位检测,非零位检测可以利用一个补偿器实现对多种非球面的测量,且非零位检测的关键部分是部分补偿镜的设计。虽然部分补偿镜结构与零位补偿器相比较简单,但是如果部分补偿镜设计不好,使得剩余波前具有过高的空间频率,以至于无法通过探测器捕获,就会造成信息丢失。下面讨论用于光学自由曲面的部分补偿镜的设计方法[14]。

传统补偿测量方法中,已经提出了多尔、奥夫纳和许多其他形式的轴上补偿器[15-16]。与传统的非球面测量相比,在自由曲面的测试过程中,自由曲面将产生非旋转对称的像差。这些像差不能通过轴上的单透镜部分补偿镜抵消,这是由于轴上的单透镜部分补偿镜产生的是旋转对称的像差。然而如图 3.16 所示,如果部分补偿镜是离轴的或绕某一轴旋转,则自由曲面的非对称像差可以通过这一单透镜部分补偿镜得到部分补偿。图中坐标系与 ZEMAX 中的坐标系一致,z 轴是激光光束的方向。下面分析由轴上和离轴单透镜产生的像差。

图 3.17 展示了轴上单透镜的三级赛德尔像差,像差系数由泽尼克拟合计算得

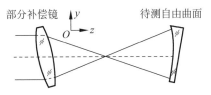

图 3.16 非零位检验自由曲面光路图

到[17]。由于部分补偿镜通常用于平行光,将视场设置为 0,所以离轴像差,如彗差和像散为 0。部分补偿镜曲率半径的变化主要影响球差的系数。随着曲率半径绝对值的增加,球差系数迅速减小。但如果曲率半径大于某个阈值,则球差系数将趋于保持不变。

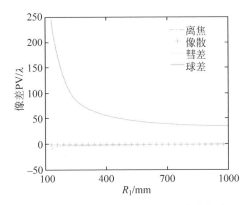

图 3.17 轴上单透镜产生的三级赛德尔像差

注:第一个表面的曲率半径 $R_1 = 100 \sim 1000 \text{ mm}$,第二个表面的曲率半径 $R_2 = -303 \text{ mm}$,中心厚度 $d = 18 \text{ mm}$,材料是 K9 玻璃

当部分补偿镜处于离轴状态时,传统的像差理论难以满足该类系统的分析要求。矢量像差理论就是为了分析带有倾斜和偏心的光学系统而被提出来的,矢量像差理论和经典的赛德尔像差理论存在一个共同点,即整个光学系统在像面上的像差场仍然是系统中每个光学表面像差贡献量的叠加,而且矢量像差理论也没有新的像差类型出现,初级像差仍然是球差、彗差、像散、场曲和畸变。除此之外,每一个像差场分布仍然具有旋转对称性,旋转对称轴为曲率中心与光瞳中心的连线,但是由于倾斜和偏心的存在,整个光学系统失去了旋转对称性,也使这一连线不再经过像面中心,从而导致经典的赛德尔像差理论不再适用,需要使用矢量像差理论对其像差场进行分析。矢量形式的波像差表达式为

$$W = \sum_j \sum_p \sum_m^{\infty} \sum_n^{\infty} (W_{klm})_j (\boldsymbol{H} \cdot \boldsymbol{H})^p (\boldsymbol{\rho} \cdot \boldsymbol{\rho})^n (\boldsymbol{H} \cdot \boldsymbol{\rho})^m \quad (3.8)$$

式中：H 是像面上的视场坐标矢量；ρ 是出瞳处的光瞳坐标矢量；W_{klm} 是系统内各个表面的波像差系数；W 为整个系统的波像差，即通过光学系统后的实际波前与理想波前之间的偏离。但由于系统中引入了倾斜和偏心，使系统的每种初级像差都出现了一些新的特性，诸如独特的节点特性以及新的视场依赖性。

图 3.18 展示了部分补偿镜在离轴情况下或绕轴转动时三级赛德尔像差的变化。一旦部分补偿镜处于离轴状态，离轴像差会明显增加。但球差的系数保持为常数。用于旋转对称非球面的传统部分补偿镜的设计方法是由部分补偿镜产生的球差来补偿由非球面产生的球差。对于自由曲面，这里仍然适用。因此除球差外，在补偿过程中应考虑非旋转对称的像差。非旋转对称像差的这一部分具体可以通过离轴和倾斜的部分补偿镜实现部分补偿。

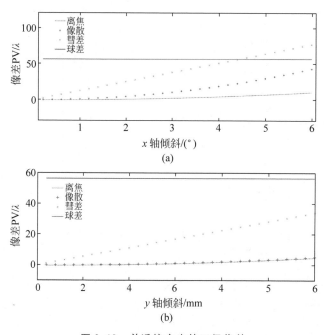

图 3.18　单透镜产生的三级像差

（a）透镜关于 x 轴倾斜 $0°\sim6°$；（b）透镜关于 y 轴偏心 $0\sim6$ mm。透镜的参数为 $R_1 = 400$ mm，$R_2 = -303$ mm，$d = 18$ mm，K9 玻璃

因此自由曲面的部分补偿镜的初始结构可以由下面的方法确定。

由图 3.16 可以看出，激光光束两次经过部分补偿镜，在待测面进行一次反射，可以得到一个重要的非零位检测像差方程式，即

$$2S_{\text{PC}} + S_{\text{freeform}} = 0 \tag{3.9}$$

式中，S 代表每一部分的球差。在自由曲面检测过程中，应考虑额外的像差，即

$$2S'_{PC} + S'_{freeform} = 0 \qquad\qquad (3.10)$$

式中,S'代表非对称的像差之一。由于计算量较大,这一部分很难利用该三级像差公式计算得到,故而利用了另外一种方法。将方程(3.10)的初始结构加载到光学设计软件中,可以获得由于偏心和倾斜引起的像差的变化。这里选择非对称像差之一来进行补偿,例如彗差,然后可以确定部分补偿镜的初始偏心和倾斜角。一旦获得初始参数,我们将它们放入光学设计软件中,并使用优化函数调整这些参数,直到结果符合提出的设计标准。

3.3　数字莫尔移相干涉法

为了减小部分补偿法中剩余波前的影响,提高检测精度,数字莫尔移相干涉法作为一种较为切实可行的方案。基于部分补偿原理和数字莫尔移相技术的非球面检测方案是采用部分补偿镜作为补偿器件,利用改进的泰曼-格林干涉仪得到包含被测面误差信息的实际干涉图形,再利用数字莫尔技术使实际干涉图与计算机以设计值建模产生的虚拟干涉图进行叠加,消除剩余波前影响,处理出所需的非球面面形误差信息[18-20]。

数字莫尔移相干涉法算法流程包含两条支路:一条是实际的干涉仪系统通过CCD 采集实际干涉图;另一条是通过计算机生成理论干涉图。测量系统包括一台实际干涉仪以及一台通过计算机建立的虚拟干涉仪,如图 3.19 所示。系统整体分为四个模块:虚拟标准干涉仪、实际非零位干涉仪、图像传输系统、莫尔条纹实时合成与显示系统。在实际非零位干涉仪中,采用实际的部分补偿镜补偿被测非球面,从而得到包含被测面误差信息的实际干涉图。在计算机中,根据实际干涉光路建立虚拟标准干涉仪,在被测面位置设置一个对应被测非球面名义参数的标准非球面,采用虚拟的部分补偿镜补偿标准非球面,通过光线追迹得到在像面处的波面,并得到虚拟理论干涉图;以此理论干涉图为基础,利用数字移相的方法得到相位依次相差 $\pi/2$ 的四幅虚拟移相干涉图。利用数字莫尔技术,将实际干涉图与四幅理论干涉图分别进行莫尔合成,生成四幅移相的莫尔图像,完成两条支路的连接。对四幅移相莫尔图像进行相位解算,最终可以得出非球面面形的误差分布,包括 PV 值、RMS 值、二维或三维形貌图及拟合的泽尼克多项式系数等。

由于虚拟干涉仪中被测非球面由名义标准非球面充当,不含有面形误差,因此虚拟干涉仪系统中获得的虚拟干涉图相位可认为是理想的剩余波前,记为 W_V。而实际干涉仪系统中,由于被测面面形误差的影响,实测的干涉图相位 W_R 由理想的剩余波前 W_V 和被测镜面形误差 W_{fig} 共同作用,通过数字莫尔技术,得到莫尔合成干涉图,记其相位信息为

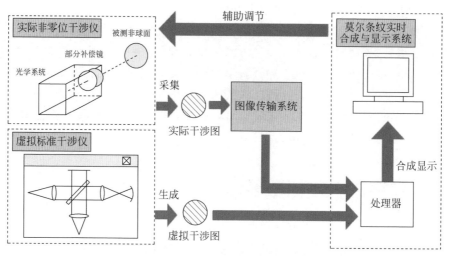

图 3.19　数字莫尔移相干涉法系统原理图

$$W_{\mathrm{m}} = W_{\mathrm{R}} - W_{\mathrm{V}} \tag{3.11}$$

在理想情况下,实际干涉仪系统和虚拟干涉仪系统之间唯一区别即被测面的面形误差,则有 $W_{\mathrm{m}} = W_{\mathrm{fig}}$,通过解相等处理,便可以得到莫尔条纹的相位信息,则面形误差可表示为

$$E_{\mathrm{fig}} = \frac{1}{2} \cdot \frac{1}{n_0} \cdot \frac{\lambda}{2\pi} W_{\mathrm{m}} \tag{3.12}$$

式中,n_0 为空气折射率,λ 为激光波长。

3.3.1　虚拟干涉仪的建立

虚拟标准干涉仪用光学设计软件如 ZEMAX 设计实现,实际干涉仪中的光学部分主要由准直扩束系统、分光镜、参考标准平面镜、部分补偿镜、被测镜组成,根据实际干涉的光学结构,可以在 ZEMAX 中重构出尺寸参数与之完全相同的虚拟干涉仪,在被测面位置添加一个符合被测非球面名义尺寸且不存在面形误差的标准非球面,进行部分补偿镜的参数设计并获得好的补偿效果之后,通过光路追迹得到仿真的虚拟标准干涉图。在 ZEMAX 中建立虚拟干涉仪的具体步骤如下:新建一个 ZEMAX 文件,使用多重结构功能,按照干涉仪参考臂和测量臂结构,向镜头数据编辑框内依次输入系统中各元件结构参数,并向系统中添加分光镜、标准平面及反射镜。

ZEMAX 中仿真的虚拟干涉仪建立完成后,理论上它的光学结构与实际干涉仪完全相同。但由于实际干涉仪的光学件以及机械件均会出现不可避免的加工误差,加工完成的镜子面形不可能与在 ZEMAX 中设计的完全相同,而且在实际的装调过程中也可能会引入少量离焦、倾斜等一系列像差,使得实际干涉仪与虚拟干涉仪并不完全相同。这样在使用数字莫尔技术后得到的被测面的结果中就会产生不可预知的由实际干涉仪系统引入的像差,影响测量结果。为了使虚拟干涉仪与实际干涉仪尽可能完全相同,需要测量实际干涉仪中每个光学部分的面形误差,并导入已经建立的虚拟干涉仪系统中。引入面形误差的方法如下:给 ZEMAX 虚拟干涉仪系统中的元件添加一个 Zernike Fringe Sag 面,这个面包含了实际干涉仪的系统中对应元件的面形误差量,依次把面形误差通过 37 项泽尼克多项式拟合代入 ZEMAX 中的 Zernike Fringe Sag 面,这样在虚拟干涉仪中光路通过该面时,就会跟通过实际干涉仪一样产生相同的波像差,在利用实际干涉图和理想的虚拟干涉图进行数字莫尔技术处理后,实际干涉仪中由于加工而产生的误差会被消除,从而达到测量的目的。

3.3.2　莫尔合成与滤波

数字莫尔技术的实质是通过对加载波的虚拟干涉图和实际干涉图进行莫尔合成再进行低通滤波获取需要信息。虚拟干涉图由软件建模的虚拟干涉仪生成,对应部分补偿后经标准非球面反射至出瞳面处的剩余波前。由于设置的是标准非球面,因此不含有表面面形误差信息。实际干涉图由实际干涉仪采集得到,对应部分补偿后经实际被测非球面的反射回来在 CCD 靶面处的剩余波前加实际被测面的面形误差信息。通过数字莫尔干涉技术,可以将虚拟干涉仪和实际干涉仪中的剩余波前抵消,剩下的只是被测面面形误差,莫尔图像则对应这种面形误差信息,通过数字移相就可以解出被测非球面的面形误差。

莫尔条纹一般是两光栅重叠,也就是说由两光栅透过率函数相乘得到。因此,假设两个光栅的透过率表达式分别为

$$T_1(x,y) = a_1 + b_1 \cos(2\pi f_1 x + \delta_1) \tag{3.13}$$

$$T_2(x,y) = a_2 + b_2 \cos(2\pi f_2 x + \delta_2) \tag{3.14}$$

式中,f_1 和 f_2 分别是两个光栅的空间频率,δ_1 和 δ_2 分别是两个光栅的初相位,a_1 和 a_2 分别是两个光栅背景的直流光强分布,b_1 和 b_2 分别是两个光栅背景的交流光强分布。将它们的透过率函数相乘,设得到的莫尔条纹透过率函数是 $T(x,y)$,则有

$$T(x,y) = a_1 a_2 + a_1 b_2 \cos(2\pi f_2 x + \delta_2) + a_2 b_1 \cos(2\pi f_1 x + \delta_1) +$$

$$\frac{1}{2} b_1 b_2 (\{\cos[2\pi(f_1 + f_2)x + (\delta_1 + \delta_2)] + \cos[2\pi(f_1 - f_2)x + (\delta_1 - \delta_2)]\})$$

$$\tag{3.15}$$

从式(3.15)可以看出,相乘算法得到的莫尔条纹引入了两个新的频率:一个

差频项和一个和频项。差频项表示两函数初始相位的差,因此取差频项即可得到求解面形误差的所需信息。

于是,对相乘运算的莫尔条纹做低通滤波,去掉高频项即可得到

$$T(x,y) = a' + b'\cos[2\pi(f_1 - f_2) + (\delta_1 - \delta_2)]$$
$$= a' + b'\cos[2\pi(f_1 - f_2) + \delta] \tag{3.16}$$

式(3.16)实际为莫尔条纹的表达式,式中$\delta = \delta_1 - \delta_2$,表明莫尔条纹反映了原始两个图像的相位差。其中一个图像产生移相,生成的莫尔条纹也会产生相应的移相。对移相后的数字莫尔条纹进行解相,如三步法、四步法或多步法,则可以得到反映实际干涉图和虚拟干涉图相位差的包裹相位分布,再经过解包裹处理即可得到表征被测面面形误差的相位分布。

3.4 系统标定和校正

上述干涉原理在实际实施中还需要考虑仪器本身引入的误差。干涉仪样机在测量过程中,由于加工误差、装调误差等不可避免的误差源,最终的精度指标相较设计指标会有所下降,这在仪器研制过程中是不可避免的。这部分误差会随着仪器的使用,引入最终的测量结果,对测量结果的最终精度造成影响。为了尽可能减小这部分系统误差,在实际测量前必须对干涉仪系统进行标定和校正。整个部分补偿干涉测量系统包含的主要部件有干涉仪主机、部分补偿镜以及被测镜三大部分。而部分补偿原理决定了待测波前存在较大的剩余波像差,这与零位干涉时待测波前的波像差较小有显著差异。因此本节将结合部分补偿干涉的特点,从干涉仪标定、部分补偿镜标定和被测非球面标定三方面阐述[21]。

3.4.1 干涉仪标定

1. 干涉仪标定现状

目前现有的标定方法主要是针对某一特定的干涉仪或对干涉仪某一特定的光学元件提出,且多针对零位干涉,标定结果与标定面对应,并直接利用标定结果对面形检测结果进行修正;一旦被测面位置或形状发生变化,即使校准后测量误差也较大[22]。如果能在干涉仪光路中进行多点像差标定,并建立数学模型模拟像差对最终测量结果的影响,则可能进行更精确的校准。数字莫尔移相干涉仪与其他完全依赖于实际光路的干涉仪不同,它包括实际干涉仪和虚拟干涉仪。据此提出了一种利用波前测试对数字莫尔移相干涉仪系统的实际干涉仪像差进行多点标定,并对虚拟干涉仪进行修正的方法。利用多点标定测得实际干涉仪关键面的像差,在虚拟干涉仪中进行建模,进而消除实际干涉仪像差对测量结果的影响。

2. 干涉仪多点标定原理

在如图 3.20 所示的干涉仪主机光路中,激光器发射的激光束经扩束准直系统后变为口径满足测量要求的准直光束,经上分光板透射后,由标准平面镜反射的一路光作为参考光,透射的一路光作为测试光。测试光入射到被测光学元件上,经其反射回到上分光板与参考光发生干涉。发生干涉后的光经下分光板反射至望远系统实现光束口径的变换,最后由采集 CCD 接收实际干涉图。

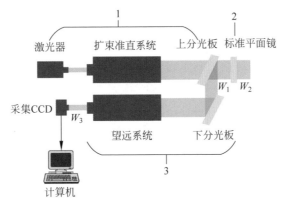

图 3.20 实际非零干涉仪主机光路

在实际的干涉仪中各光学元件均会引入相应的加工误差,同时在装调过程中,很难保证光学元件的同轴性,特别是扩束准直系统和望远系统。在安装过程中,一旦出现某一元件的倾斜或偏心,将会使整个系统引入波前误差,影响面形检测精度。因此,需对这些由加工和装调带来的误差进行逐一分类、标定和去除。结合实际的光路,按照如下原则对误差进行分类,并在此基础上对实际干涉仪进行分段分析。

(1) 若该误差出现在参考光和测量光共光路部分,且产生的波前误差大小对后续光路无影响,则误差可通过干涉自动消除,无需标定;

(2) 若该误差出现在参考光和测量光共光路部分,但产生的波前误差大小对后续光路有影响,或者与入射波前有关,则为保证光路准确性,该误差仍需要标定;

(3) 若该误差出现在参考光和测量光非共光路部分,则需要标定;

(4) 如果多项误差发生位置相邻且按上述原则分类相同,则可作为一个整体进行标定。

根据上述原则将如图 3.20 所示光路分为 1、2、3 三段。其中,第 1 段主要包含激光器出射光本身的发散角、扩束准直系统的加工装调误差、上分光板的加工误差等,这些误差均满足原则(2),即测量光和参考光为共光路部分,因此二者在该部分的光程一致;但上分光板出射的准直光是否存在波像差对后续的光路将产生较大影响,因此仍需对该共光路部分进行标定,且根据原则(4)可以作为一个整体进行标定。

第 2 段是指从上分光板出射、经过标准平面镜透射的光路部分,主要包括标准平面镜加工误差引起的透射波前误差等,该误差满足原则(3),即参考光和测量光为非共光路,参考光不经过标准平面镜透射,而测量光经过,因此需对第 2 段的透射波前进行标定。

第 3 段包含上分光板反射、下分光板反射和望远系统透射光路部分,满足原则(2),即属于共光路,但实际引入的波像差与光束进入该段时的波前有关。当测量光进入该段接近平面波时,测量光和参考光通过第 3 段后引入的波像差近似一致;当测量光进入该段时为球面波或其他不规则波前时,参考光和测量光引入的波像差则不一致,将导致测量光和参考光在第 3 段产生明显回程误差,因此需对 3 处的波前进行标定。

由于上述 3 段光路无法逐一单独标定,因此进行如下波前标定测量和运算。记 W_1 为第 1 段的共光路部分的透射波前,在上分光板后测得。W_2 为第 1 段和第 2 段总的透射波前,在标准平面镜后方测得,结合 W_1 进行处理可得到第 2 段的透射波前记为 W_4,即

$$W_4 = W_2 - W_1 \tag{3.17}$$

W_3 为在不加待测镜的情况下第 1 段和第 3 段总的波前,在采集 CCD 处测得,通过数据处理去掉第 1 段的透射波前 W_1,即可得到第 3 段的波前 W_5,即

$$W_5 = W_3 - W_1 \tag{3.18}$$

3. 虚拟干涉仪多点修正原理

以下利用上述测得的各段波前进行虚拟干涉仪修正。根据实际干涉仪结构,在光学设计软件(以 ZEMAX 为例)中建模得到虚拟干涉仪。为分别模拟干涉系统测量和参考光路,利用光学设计软件中的多重结构进行建模,如图 3.21 所示,二重结构初始模型中,所有元件参数均为名义值,此时利用二重结构进行干涉,可得到未修正状态下的虚拟干涉图。

将 3.4.1 节 2.中标定得到的 3 段波前应用于虚拟干涉仪修正,对相应的光学面或光学系统加载对应的波前标定结果。具体来说,首先对第 1 段的透射波前 W_1、第 2 段的透射波前 W_4 和第 3 段的波前总和 W_5 进行泽尼克拟合,得到对应的泽尼克系数;然后分别设置上分光板的后表面、标准平面镜后表面,以及望远系统目镜后表面(Zernike Fringe Phase 面),并将拟合得到的泽尼克系数加载到对应的附加数据中,完成修正。其中由于测量光束往返两次经过标准平面镜透射,因此需把 2 倍的泽尼克系数加载到标准平面镜后表面附加数据中,实现对虚拟干涉仪的修正。

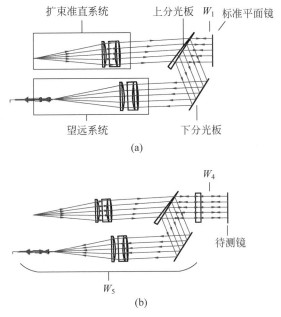

图 3.21　虚拟干涉仪光路结构图

（a）第一重结构；（b）第二重结构

利用修正后的虚拟干涉仪模型生成虚拟干涉图,由于虚拟干涉仪中已经附加了因加工装调引入的误差,则虚拟干涉图的相位信息包含系统剩余波前 φ_{RW} 和附加的加工装调误差引入的波前 φ'_{PA},因此虚拟干涉图的相位信息应写为

$$\varphi_V = \varphi_{RW} + \varphi'_{PA} \tag{3.19}$$

根据数字莫尔移相干涉基本原理,求得实际干涉图和虚拟干涉图的相位差为

$$\varphi_m = \varphi_R - \varphi_V = \varphi_{SFE} + \varphi_{PA} - \varphi'_{PA} \tag{3.20}$$

由于虚拟干涉仪附加的加工装调误差是由实际干涉仪多点标定并拟合得到的,因此 $\varphi'_{PA} \approx \varphi_{PA}$,此时 φ_m 消除了干涉仪加工装调误差引入的波前,即

$$\varphi_m = \varphi_{SFE} \tag{3.21}$$

对该波前进行处理,即可得到正确的面形误差信息 e_{SFE}。由于在干涉仪标定与修正过程中考虑了修正部分是否共光路以及是否对后续光路产生影响,所以系统加工装调误差和回程误差能够由数字莫尔算法消除,实现了有效的误差修正。

3.4.2　部分补偿镜标定

目前部分补偿镜标定方法主要有辅助透镜法[23]、对准装置法[24]、逆向优化方法求解装调误差[25]等结合计算机的辅助装调方法,实现对部分补偿镜的精确标定,使得其最终的波前含有的装调误差可以忽略。

以下介绍基于逆向优化方法的部分补偿镜标定方法[26]。通过部分补偿数字莫尔移相干涉法原理可知,只要虚拟干涉仪系统与实测光学系统除面形误差,不含任何区别,实验测得的剩余波前中由于系统装调的影响产生的部分便可以通过数字莫尔技术去除。然而实际测量中,装调误差的影响往往难以分辨,无法做到精确的定量估计,导致虚拟干涉仪与实际干涉仪不能精准匹配,因此可能导致求解的剩余波前并不完全是面形误差产生的波前像差,还混有一部分无法判断的装调引入的波前像差。逆向优化求解装调误差方法是在部分补偿干涉检测方法的基础上,将实测光学系统波像差泽尼克系数作为目标值,将理想光学系统中可能的失调量(各元件的平移与倾斜等)设为变量,对理想的虚拟干涉仪系统进行优化,使虚拟系统与实际系统尽量达到精准匹配的一种方法。

装调误差求解的过程本质是系统的优化过程。方法的关键之一是保证实际校正系统和虚拟校正系统之间唯一的区别为补偿镜的装调误差,这就需要借助面形可测、易于装调的理想平面镜或者球面镜来实现。平面镜或者球面镜容易实现零检测,在系统安装的过程中,可以通过判断探测器上的干涉条纹来判断是否精准放置,可认为其在检测中不会引入额外的装调误差。因此借助球面校准镜来对补偿镜进行粗略定位。部分补偿镜装调误差校正系统如图 3.22 所示,包含部分补偿镜、球面校准镜。在放置好球面校准镜后,根据球面校准镜的中心确定部分补偿镜中心的位置,尽量调节部分补偿镜、校准镜与干涉仪光轴中心重合,调整部分补偿镜的偏心及旋转,调至探测器上的条纹无法变得更稀疏、更明亮,此时的校正系统已经达到比较精准的装调状态。由于分辨率、调节机械结构等限制,系统中可能还残留一部分无法通过人工调节来减小的装调误差量。此状态下校正系统干涉图样包含部分补偿镜面形误差信息、部分补偿镜装调误差信息、球面校准镜面形误差信息。

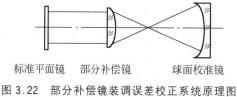

标准平面镜　　部分补偿镜　　　球面校准镜

图 3.22　部分补偿镜装调误差校正系统原理图

根据实际校正系统尺寸参数建立虚拟的校正系统,需要实现测量出部分补偿镜、球面校准镜的面形误差信息,并输入到虚拟系统中,则虚拟系统通过光线追迹获得的波前图样信息由部分补偿镜和校准镜的面形误差信息组成。此时,部分补偿镜的装调误差成为实际校正系统和虚拟校正系统的唯一区别。实际校正系统中的部分补偿镜的装调误差矢量可表示为 $\boldsymbol{R}_\mathrm{R}=(d_{x_\mathrm{R}},d_{y_\mathrm{R}},d_{z_\mathrm{R}},t_{x_\mathrm{R}},t_{y_\mathrm{R}})$,其中,$d_x$、

d_y、t_x、t_y 对应于虚拟系统中的补偿镜的坐标参量，d_z 对应于部分补偿镜与校准镜之间的距离，在光学仿真软件 ZEMAX 中均可设为变量。将实测校正系统的波像差泽尼克系数作为优化目标值，输入到虚拟系统中，对部分补偿镜的坐标参量及补偿镜与校准镜之间的距离进行优化，模拟部分补偿镜在不同位置参量下的失调状态，使虚拟系统的波像差向实际系统波像差逼近，当返回的评价函数为零时，虚拟校正系统与实际校正系统状态完全一致，读取此时补偿镜坐标参数 $\boldsymbol{R}_\mathrm{v} = (d_{x_\mathrm{v}}$, $d_{y_\mathrm{v}}, d_{z_\mathrm{v}}, t_{x_\mathrm{v}}, t_{y_\mathrm{v}})$，即实际系统中部分补偿镜的失调量，至此，部分补偿镜的装调误差求解完成。

综上所述，部分补偿镜装调误差具体求解步骤如下：

（1）将光学系统中补偿镜的坐标参数设为优化变量；

（2）读取实际干涉仪系统波像差的泽尼克系数 Z_R；

（3）将 Z_R 输入到理想的虚拟干涉仪系统中，作为优化目标；

（4）运行优化程序，部分补偿镜坐标参量的变化将使虚拟干涉仪系统的波像差逐渐接近实际干涉仪系统波像差；

（5）当误差函数的值最小时，读取部分补偿镜坐标参数变化量即失调系统的装调误差。

在检测非球面镜时，标定结束后，保持补偿镜固定不动，将校准镜撤下，换成待测非球面，并将非球面调节至待测位置。此时补偿镜含有的装调误差 $\boldsymbol{R}_\mathrm{R}$ 就会出现在非球面检测的实际系统中，引入装调误差，此时非球面检测实际系统的波像差由系统固有剩余波前、系统元（部）件面形误差、系统元（部）件装调误差组成，即 $W_\mathrm{R} = W_\mathrm{ideal} + W_\mathrm{mis}$。根据非球面实际检测系统尺寸参数，在 ZEMAX 建模的虚拟干涉仪中，将部分补偿镜校正过程中求解的部分补偿镜装调误差 $\boldsymbol{R}_\mathrm{v}$ 输入到虚拟干涉仪的补偿镜中，作为其坐标参量。此时非球面检测虚拟系统的波像差由系统固有剩余波前、系统元（部）件面形误差、求解的系统元（部）件装调误差组成，即 $W_\mathrm{V} = W_\mathrm{ideal} + W_\mathrm{fig} + W'_\mathrm{mis}$。只要 $\boldsymbol{R}_\mathrm{V}$ 求解足够准确，就能够保证虚拟检测系统与实际检测系统中部分补偿镜的失调状态一致，即 $W'_\mathrm{mis} = W_\mathrm{mis}$，则根据式（3.21）由于部分补偿镜装调不精确而引入的误差就会在数字莫尔中自动去除，最终获得精确的被测面面形误差信息

$$
\begin{aligned}
W_\mathrm{m} &= W_\mathrm{R} - W_\mathrm{V} \\
&= (W_\mathrm{ideal} + W_\mathrm{fig} + W_\mathrm{mis})_\mathrm{R} - (W_\mathrm{ideal} + W_\mathrm{mis})_\mathrm{V} \\
&= W_\mathrm{fig}
\end{aligned}
\tag{3.22}
$$

仿真结果显示，逆向优化方法标定补偿镜计算的装调误差的精度在倾斜方向上可达 0.0056×10^{-6} rad，偏心方向上精度可达 10^{-5} mm。

如图 3.23(b) 所示的是在部分补偿数字莫尔移相干涉法的基础上，对补偿镜

部分的装调误差进行逆向优化法去除后的面形误差求解结果,与实际面形误差形状基本一致,如图 3.23(a)所示,两者点对点相减结果如图 3.23(c)所示,PV 值相差 0.0092λ。仿真结果显示,经过逆向优化补偿镜校正处理后的面形检测系统精度得到了明显提高,面形检测精度可达 0.001λ。

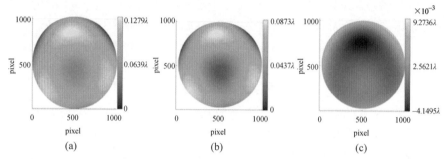

图 3.23　逆向优化算法校正装调误差后的部分补偿法检测非球面面形误差仿真结果
(a) 实际面形误差;(b) 经过校正后求解的面形误差;(c) 求解面形误差精度

在失调量很大的情况下,逆向优化方法也有很高的精度,然而由于这种方法是基于光学设计软件的自动优化功能来获得系统失调量,随着光学系统失调量数量的增加,光学设计软件的优化时间会不断增加。实际装调中,由于光学元件的面形误差、测量误差等因素,优化过程可能会受到干扰,对测试结果也会造成一定的影响。

3.4.3　被测非球面标定

目前对被测面的装调已经有了很多研究。传统的泽尼克分析方法通过处理波前结果的泽尼克低阶项来去除装调误差的影响。然而这种近似方法适用于对精度要求不高的面形测量[1,25]。灵敏度矩阵方法研究旋转对称非球面的失调量和剩余波前的低阶像差之间的关系,通过建立数学模型,求解装调误差。但是对于自由曲面来说,失调量和像差并不呈线性相关,不能用简单的灵敏度公式来表征它们之间的复杂关系,需要大量的计算才能得到精确的模型[27]。基于部分补偿数字莫尔移相法的虚拟干涉仪校正方法[28],以实际系统像面波前为优化目标,在虚拟系统中对被测镜完成装调校正,缩短了装调时间,避免了人工调试等主观因素的影响。以下进行详细说明。

虚拟干涉仪校准方法中,不需要调节实际干涉仪的被测镜,而是在软件中对虚拟干涉仪的被测镜进行调节,给模型中被测镜附加"调整误差",使虚拟干涉仪中的调整误差 τ_V 与实际干涉仪中的调整误差 τ_R 相同,通过数字莫尔技术,达到去除调整误差的目的。

整个校正过程可以看作是一个优化的过程,算法的关键是确定虚拟干涉仪调整误差 $\tau_V = [d_x, d_y, d_z, \theta_x, \theta_y, \theta_z]$,使得 $\tau_V = \tau_R$。自由曲面测量中,待测面含有 6 个自由度 $\tau_V = [d_x, d_y, d_z, \theta_x, \theta_y, \theta_z]$。这里做一个合理的假设,6 个自由度互相分离,且互相独立。因此在确定 τ_V 的过程中,可以按照 6 个自由度分步计算,每次只进行一个自由度的最佳值确定,其余 5 个自由度设为固定值,这就避免了同时计算 6 个自由度的复杂计算。设定评价函数为

$$\chi(\tau_V) = \max_\Sigma \{W_m(x, y)\} - \min_\Sigma \{W_m(x, y)\} \tag{3.23}$$

当且仅当 $\tau_V = \tau_R$ 时,$\chi(\tau_V)$ 能达到最小。将求得的莫尔波前的 PV 值作为评价函数,当最终求解的面形误差最小时,认为调整误差最小。

算法流程分为两步:算法 1 是整个优化过程的总体算法。基本思路为:将自由度排序,依次计算每个自由度的最佳估计,得到最终的面形误差。

算法 1:

---

(1) 根据 6 个自由度对结果的影响大小对其依次排序,通常情况下离焦量是影响最大的因素;

(2) 初始化 τ_V;

(3) 通过区间缩放优化算法,确定第一个自由度的最佳结果;

(4) 更新 τ_V,重复步骤(3)和步骤(4),依次计算剩余 5 个自由度的最佳结果;

(5) 得到最佳 τ_V,认为此时的 τ_V 是 τ_R 的最佳估计,由此计算得到的面形误差认为是被测面的真实面形误差。

缩放区间的算法(算法 2)的原理是确定一初始区间 $[d_{z0} - \delta_0, d_{z0} + \delta_0]$,将其分成 n 段,以 $\dfrac{2\delta_0}{n-1}$ 为步长依次计算,确定其中评价函数达到最小的点 d_{z1},以 d_{z1} 为中心,将 $[d_{z1} - 2\delta_0/(n-1), d_{z1} + \delta_0/(n-1)]$ 区间继续分成 n 段,以 $\dfrac{4\delta_0}{(n-1)^2}$ 为步长继续寻找使得评价函数最小值的点,重复循环 3～4 次,逐步缩小最优估计的所在区间,直到最终评价函数达到阈值,此时认为找到了该自由度的最佳估计。这里以 d_z 为例。

算法 2:

---

(1) 初始化 d_z,一般为 0,$d_z = d_{zk}$,$k = 0$,k 是第 k 个循环;

(2) 定义采样区间 $[d_{zk} - \delta_k, d_{zk} + \delta_k]$ 和采样点 n;

(3) 确定采样点 $d_{zk,i} = d_{zk} - \delta_k + 2\delta_k(i-1)/n - 1 (i = 1, 2, \cdots, n)$;

(4) 根据每个采样点计算评价函数 $\chi(\tau_V)$;

---

(5) 找到 $\chi(\pmb{\tau}_V)$ 最小值时的采样点 d_{zk};

(6) 判断是否满足最终的结束条件,若未满足,$k=k+1$,更新采样区间为 $[d_{zk}-\delta_k,d_{zk}+\delta_k]$,$d_{zk}=d_{zk-1,j}$,$\delta_k=(2\delta_k-1)/(n-1)$,重复步骤(3);若满足结束条件,至步骤(7);

(7) 确定 d_z 最优解为 $d_z=d_{zk,j}$。

该算法的校准工作全部在软件中进行,无需对实际干涉仪的待测镜进行调节和校准,省去了多次人工调节的烦琐。然而,由于在优化的过程中,是以装调误差在 6 个自由度上相互独立、彼此分离为基础进行的,而在自由曲面的实际测量过程中,各个自由度并不能做到完全分离,即一个自由度的改变同时会影响整个系统调整。因此这种方法同样需要进行多次校准,当多次结果比较稳定时,认为校准完成。

参考文献

[1] HAO Q,WANG S,HU Y,et al. Virtual interferometer calibration method of a non-null interferometer for freeform surface measurements [J]. Appl. Opt. ,2016,55（35）:9992-10001.

[2] HAO Q,LI T,HU Y,et al. Vertex radius of curvature error measurement of aspheric surface based on slope asphericity in partial compensation interferometry [J]. Optics Express,2017,25(15):18107-18121.

[3] FANG F Z,ZHANG X D,WECKENMANN A,et al. Manufacturing and measurement of freeform optics [J]. CIRP Annals-Manufacturing Technology,2013,62(2):823-846.

[4] MALACARA D. Optical shop testing[M]. New York:John Wiley & Sons,2007.

[5] 刘东. 通用数字化高精度非球面干涉检测技术与系统研究[D]. 杭州:浙江大学,2010.

[6] 田雨函. 数字莫尔移相干涉仪器化研究[D]. 北京:北京理工大学,2016.

[7] 刘惠兰. 基于部分补偿透镜的非球面检测方法研究[D]. 北京:北京理工大学,2004.

[8] LIU H,ZHU Q,HAO Q,et al. Design of novel part-compensating lens used in aspheric testing [C]. Beijing:Fifth International Symposium on Instrumentation and Control Technology. SPIE,2003,5253:480-484.

[9] 徐斌,王文生. 检测非球面的准万能补偿器设计[J]. 长春光学精密机械学院学报,1997,20(1):1-5.

[10] 张权,张璞扬,郝沛明,等. 大型非球面镜的加工和检测[J]. 光学技术,2001,27(3):204-208.

[11] 袁旭沧. 光学设计[M]. 北京:科学出版社,1983.

[12] 栗孟娟. 数字莫尔移相干涉术测量非球面的面形误差和面形参数[D]. 北京:北京理工大学,2005.

[13] FANG F Z,ZHANG X D,WECKENMANN A,et al. Manufacturing and measurement of

freeform optics[J]. CIRP Annals,2013,62(2)：823-846.

[14]　HAO Q，WANG S，HU Y. Non-null compensator design method in digital Moiré interferometry for freeform surface measurement［C］. Suzhou：8th International Symposium on Advanced Optical Manufacturing and Testing Technologies：Optical Test，Measurement Technology，and Equipment. SPIE,2016,9684：867-872.

[15]　OFFNER A. A null corrector for paraboloidal mirrors［J］. Appl. Opt. ,1963,2（2）：153-155.

[16]　KIM Y S,KIM B Y,LEE Y W. Design of null lenses for testing of elliptical surfaces[J]. Appl. Opt. ,2001,40(19)：3215-3219.

[17]　MALACARA D. Optical shop testing[M]. New York：Wiley-Interscience ,2007.

[18]　刘惠兰,郝群,朱秋东,等. 利用部分补偿透镜进行非球面面形测量[J]. 北京理工大学学报,2004,24(7)：625-628.

[19]　ZHU Q，HAO Q. Aspheric surface test by digital Moiré method［C］. Chengdu：3rd International Symposium on Advanced Optical Manufacturing and Testing Technologies：Optical Test and Measurement Technology and Equipment. SPIE,2007,6723：1158-1162.

[20]　HAO Q，HU Y，ZHU Q D. Digital Moiré phase-shifting interferometric technique for aspheric testing[J]. Applied Mechanics & Materials,2014,590：623-628.

[21]　鹿丽华,胡摇,王劲溥,等. 数字莫尔移相干涉仪误差多点标定与修正研究[J]. 仪器仪表学报,2018,39(10)：77-84.

[22]　张建锋,曹学东,景洪伟,等. 基于旋转法的干涉仪系统误差标定[J]. 光电工程,2011,38(12)：69-74.

[23]　杨甬英,田超,张磊,等. 非球面非零位干涉检测中部分补偿透镜对准装置与方法：CN102591031A[P]. 2012-07-18.

[24]　杨甬英,刘东,田超,等. 非球面非零检测中非零位补偿镜精密干涉定位调整装置及方法：CN101592478 A[P]. 2019-12-02.

[25]　庞志海. 离轴反射光学系统计算机辅助装调技术研究[D]. 西安：中国科学院大学(中国科学院西安光学精密机械与物理研究所),2013.

[26]　ZHANG X，HAO Q，HU Y，et al. Calibration of misalignment errors in the non-null interferometry based on reverse iteration optimization algorithm［C］. Beijing：AOPC 2017：3D Measurement Technology for Intelligent Manufacturing. SPIE,2017,10458：426-432.

[27]　KIM E D,KANG M S,CHOI S C,et al. Reverse-optimization alignment algorithm using Zernike sensitivity[J]. Journal of the Optical Society of Korea,2005,9(2)：68-73.

[28]　HAO Q,WANG S,HU Y,et al. Virtual interferometer calibration method of a non-null interferometer for freeform surface measurements［J］. Appl. Opt. ,2016,55（35）：9992-10001.

第 4 章

非球面参数误差干涉测量

目前非球面面型参数多通过拟合绝对面形分布测量,也可通过零屏法[1-4]、光线追迹法[5]等几何光学方法测量。其中绝对面形通过三坐标测量机等设备测得,耗时长且易受被测表面灰尘等环境影响因素。而干涉法通常被认为只可测量二次曲面的顶点曲率半径[6]和二次曲面常数[7],无法测量高次非球面。

本章介绍可用于高次非球面参数误差测量的干涉法[8-10]。在介绍斜率非球面度等相关概念的基础上,构建基于最佳补偿位置的非球面参数误差测量原理模型,并提出测量方法,通过实际实验验证模型和方法的有效性。

4.1 相关概念

4.1.1 非球面的法线像差

法线像差是非球面区别于球面的一个重要特点[11-12]:球面的法线是相交于球心的,但是非球面上各点的法线并不相交于旋转对称轴的同一点上。

非球面法线像差的概念可以表述为:非球面上某点法线与光轴的交点到非球面顶点曲率中心的距离。表示为如图 4.1 所示的形式,其中,C_0 为非球面的顶点曲率中心;M 为非球面上某点的法线与光轴的交点;φ 为非球面上某点法线相对于光轴的倾角,称为法线角;Z_n 为非球面的法线像差。

非球面上各处的法线像差是不同的,可以使用如下公式计算:

$$Z_n = z + S\cot\varphi - R_0 \tag{4.1}$$

二次曲面,如椭球面、抛物面、双曲面的法线像差均为正值。非球面存在法线像差的特性使其只需简单的结构即可方便地矫正光学像差,而采用球面光学元件

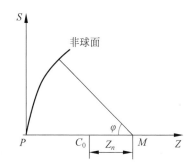

图 4.1　二次曲面的非球面法线像差 Z_n

则需要复杂的结构才能实现。此外,基于非球面的这种特性,可以进行非球面检测相关技术的研究。

4.1.2　斜率非球面度

非球面光学元件的加工与传统球面光学元件的加工相比,难度较高[13]。在加工过程中,一般使用非球面度来表征非球面的加工难度。但是,现有的非球面度都是基于加工的要求而进行定义的,不适用于非球面的检测。而斜率非球面度的定义适用于所有类型的非球面,且采用斜率非球面度可以快速评价非球面的检测难度和仪器的检测范围,实现补偿器的快速选择。为了对非球面的检测进行准确评价,使用斜率非球面度来表征非球面斜率是一个很好的选择。

斜率非球面度定义如下[14]:从几何观点出发,对于不同的比较球面,非球面上某点处法线与该比较球面法线的最大夹角(夹角均取正值)是不同的。改变比较球面参数寻找这些最大夹角中的最小值,该夹角就是此非球面的最小最大斜率非球面度,而相应的比较球面就是最接近比较球面。

确定最接近比较球面及计算斜率非球面度的具体方法如下。

首先,建立如图 4.2 所示的坐标系,设非球面旋转对称轴上的点 O 为比较球面的球心,并将其作为坐标系的原点,即该球面的球心位置固定,但是其半径 R_b 是可变的。图 4.2 中,非球面与比较球面相切于 O',C_0 为非球面的顶点曲率中心,P 为非球面的顶点,非球面的面形固定,但是其沿旋转对称轴方向的位置是可变的。非球面上半口径子午面被均分为 n 等份,可得点 $M_i(\rho_i, \theta_i)$,$i = 0, 1, \cdots, n$,ρ_i 和 θ_i 为 M_i 的极坐标。点 M_i 的非球面法线 M_iM_i' 与 z 轴交于点 M_i';点 O 与点 M_i 的连线与非球面法线 M_iM_i' 的夹角为 δ_i,则夹角 δ_i 的绝对值即可表示非球面相对于点 O 为球心的比较球面在点 M_i 处的梯度。计算相对于该比较球面的非球面上各点处 δ_i 的绝对值 $|\delta_i|$,比较所有绝对值获得最大值。

然后,设定比较球面的各种半径和非球面的不同位置,计算各情况下的 $|\delta_i|$ 的

最大值,找出各最大值中的最小值,此时对应的球面就是最接近比较球面,非球面相对于坐标原点 O 的距离表示非球面与最接近比较球面的位置关系,而最小的 $|\delta_i|$ 最大值即该非球面的最小最大斜率非球面度。

最后,基于该最接近比较球面,计算非球面的斜率非球面度分布。

需要注意的是,虽然在确定最接近比较球面和最小最大斜率非球面度的过程中,均使用 δ_i 的绝对值进行计算和比较,但是非球面的斜率非球面度分布是存在正负的,以此来表示非球面法线相对于球面法线的偏转方向。在图 4.2 中,如果定义该图所示的 δ_i($|\delta_i|<90°$)的符号为负(斜率非球面度为负),即非球面法线 M_iM_i' 相对于最接近比较球面法线 M_iO 顺时针方向的偏转为负,则非球面 O' 与 P 之间的法线逆时针方向的偏转为正,此处的 δ_i($|\delta_i|<90°$)的符号为正(斜率非球面度为正),而位于 S 轴负半轴的非球面下半口径,其斜率非球面度的符号分布是相反的。

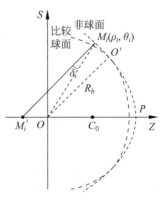

图 4.2 最接近比较球面的确定与斜率非球面度的计算

对于待测非球面,基于斜率非球面度定义可知,斜率非球面度表征非球面相对于最接近比较球面的变化梯度,而干涉条纹的密度分布则表征剩余波前相对于参考球面波的变化梯度,二者的物理意义是一致的。如果待测非球面的斜率非球面度很大,那么部分补偿干涉系统剩余波前斜率的控制难度将会增加。因此,使用最小最大斜率非球面度可以较为准确地评价待测非球面的检测难度,预先确定部分补偿镜的设计难度,这在部分补偿干涉测量中是非常有意义的。此外,基于斜率非球面度定义,可以进行部分补偿干涉系统的最佳补偿位置理论模型的研究,计算待测非球面和部分补偿镜之间的位置关系,确定这部分补偿镜对待测非球面的补偿效果。

4.2 基于最佳补偿位置的非球面参数误差测量原理

4.2.1 最佳补偿位置的定义

在部分补偿干涉系统中,准直光经过部分补偿镜后,沿光轴的方向继续前进,其波前是逐渐变化的。因此当被测非球面位于光轴上的不同位置时,入射波前是不同的,而入射波前与被测非球面的匹配程度直接决定了反射波前的分布,最终影响剩余波前斜率,从而获得不同条纹密度的干涉图。如果更换不同的部分补偿镜或者被测非球面,即搭建不同的部分补偿系统,那么每个系统都会获得一系列不同条纹密度的干涉图。为了使不同部分补偿干涉系统具有相同的评价标准,方便比较,需要确定被测非球面和部分补偿镜之间的位置关系。

为了解决上述问题,最直接的方法是在系统中调整被测非球面的位置,使其干涉条纹的密度最小,即保证入射波前与非球面面形最接近,然后对比不同系统的最小条纹密度,评价各个系统补偿能力的好坏。上述被测非球面的位置,就是部分补偿干涉系统中补偿效果最好的位置,即最佳补偿位置。我们把部分补偿镜最后一面的顶点与被测非球面顶点之间的距离定义为最佳补偿距离(best compensation distance,BCD),如图 4.3 所示。

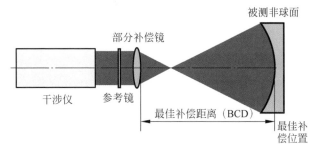

图 4.3　最佳补偿位置和距离示意图

接下来,从像差分析的角度对这一概念进行研究。在部分补偿干涉系统中,沿光轴方向移动被测非球面,会改变剩余波前像差中的离焦像差分量,不仅可以在一定程度上补偿由参数误差引入的像差,还可以对其他像差分量进行平衡[15],减小剩余波前像差的峰谷值(peak to valley value,PV),从而减小干涉条纹的密度。因此,将被测非球面沿光轴方向移动到最佳补偿位置的过程,其实是通过引入平衡离焦来对剩余波前像差进行平衡的过程,使被测非球面在最佳补偿位置时的剩余波前像差的峰谷值最小。

参数误差会引入额外的场曲和离焦像差,需要移动被测非球面来进行补偿,导致最佳补偿位置发生变化,因此最佳补偿位置的变化与参数误差存在一定的联系。

4.2.2　部分补偿干涉系统的最佳补偿位置理论模型

最佳补偿位置定义了部分补偿镜与被测非球面的相对位置,为正确评价部分补偿干涉系统的补偿能力提供了统一的评价标准。确定最佳补偿位置,需要基于斜率非球面度定义,建立最佳补偿位置的数学模型,确定部分补偿镜、待测非球面及其最接近比较球面之间的几何关系。

图 4.4 为被测非球面及其最接近比较球面的几何关系示意图,被测非球面与

其最接近比较球面相切于 A、B 两点；O 为最接近比较球面的球心，P 和 C_0 分别是非球面的顶点和顶点曲率中心。根据斜率非球面度的定义，对于一个被测非球面，能够唯一确定其最接近比较球面，且二者的几何关系是确定的。如图 4.4 所示，被测非球面与其最接近比较球面的球心 O 的相对位置是确定的，可以将它们当作一个整体来分析和研究。

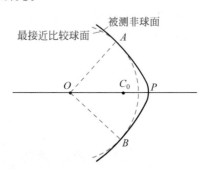

图 4.4　被测非球面及其最接近比较球面的几何关系

图 4.4 中，当最接近比较球面的球心 O 发出的球面波前与被测非球面相切时，该入射球面波前必然与最接近比较球面重合。由斜率非球面度的定义可知，在所有的比较球面中，非球面相对于最接近比较球面的最大变化梯度是最小的。因此，与最接近比较球面重合的球面波前入射到被测非球面上，其反射波前斜率是最小的，由此获得的干涉条纹密度也是最小的。

基于上述关系，可以建立如图 4.5 所示的最佳补偿位置数学模型，其中，V 是部分补偿镜最后一面的顶点；带箭头的实线表示准直光通过部分补偿镜后入射到被测非球面上。在图 4.5 中，我们将最接近比较球面的球心 O 置于部分补偿镜近轴区域的焦点处，即 $VO = f'_{PC} - l'_{PC}$（f'_{PC} 是部分补偿镜的像方焦距；l'_{PC} 是部分补偿镜的像方主平面位置，即 V 到像方主点 H' 的距离；在光学设计软件中，$f'_{PC} - l'_{PC}$ 为等效焦距，即 V 到焦点的距离）。在近轴区域内，准直光经过部分补偿镜后将完全会聚于 O 点，然后传播到被测非球面，其波前将与被测非球面的最接近比较球面重合，干涉条纹的密度是最小的。上述过程利用了近轴光学公式来确定 O 点的位置，以此求得的 VP 代表了理想的最佳补偿距离。

之后可以通过近轴光学公式[16] 来确定 O 点的位置，推导理想最佳补偿距离 VP 的数学表达式如下，完成最佳补偿位置理论的数学建模

$$VP = VO + OP = f'_{PC} - l'_{PC} + \Gamma = f'_{PC} - l'_{PC} - \left(\frac{K_0}{2R_0} + 4R_0^2 A_4 \right) S_A^2 \quad (4.2)$$

在搭建部分补偿干涉系统的时候，根据式(4.2)，对于给定的部分补偿镜，可以通过理论计算确定非球面的理想最佳补偿位置，实现不同待测非球面和部分补偿

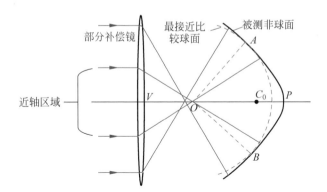

图 4.5　最佳补偿位置数学模型原理图

镜相对位置的快速匹配,然后对被测非球面的位置进行微调(沿光轴方向逐渐改变被测非球面与部分补偿镜的距离),观察干涉条纹的密度分布(或者计算剩余波前像差的峰谷值),判断系统是否满足探测器的要求。

4.2.3　非球面参数误差与最佳补偿位置的关系

非球面参数误差会引起最佳补偿位置的变化,研究两者之间的关系,是建立非球面参数误差测量原理的关键。

向被测非球面引入参数误差,分别用 ΔR 和 ΔK 表示顶点曲率半径误差和二次曲面常数误差,则根据式(4.3),被测非球面的实际最佳补偿距离 VP' 可以表示为

$$
\begin{aligned}
VP' &= VO + OP' \\
&= f'_{PC} - l'_{PC} + \Gamma' \\
&= f'_{PC} - l'_{PC} + R_0 + \Delta R - \left[\frac{K_0 + \Delta K}{2(R_0 + \Delta R)} + 4(R + \Delta R)^2 A_4 \right] S_A^2 \quad (4.3)
\end{aligned}
$$

非球面参数误差引起最佳补偿位置的变化 $(VP' - VP)$ 可以表示为

$$
VP' - VP = \Delta R + \left[\frac{K_0 \cdot \Delta R - R_0 \cdot \Delta K}{2R_0 \cdot (R_0 + \Delta R)} - 4(2R_0 + \Delta R)A_4 \cdot \Delta R \right] S_A^2
$$

$$(4.4)$$

式(4.4)描述了非球面参数误差与最佳补偿位置的关系,但是上述方程包含两个待测参数误差,即 ΔR 和 ΔK。如果只知道部分补偿干涉系统最佳补偿位置的变化,是无法同时计算 ΔR 和 ΔK 的。因此,需要构建一个未知量只包含 ΔR 和 ΔK 的方程。

4.2.4　非球面参数误差测量原理

部分补偿干涉系统使用准直光作为入射光。当准直光通过部分补偿镜后,不同口径的光线将会在不同的位置与光轴相交,其波前只包含轴上点单色像差——球差。然后,上述波前入射到被测非球面上,根据旋转对称非球面的相关性质[17],如果被测非球面是理想的(不存在面形误差和参数误差),则其反射波前也只包含球差;但如果被测非球面存在面形误差和参数误差,则其反射波前将包含面形误差引入的像差和参数误差引入的像差,此时的反射波前像差可以表示为

$$W_{\text{Reflect}} = \delta L + W_{\text{SFE}} + W_{\text{SPE}} \tag{4.5}$$

式中,W_{Reflect} 是反射波前的像差,W_{SFE} 是由面形误差引入的像差。如前所述,面形误差是非球面上的不规则加工误差,会引入随机分布的像差,是反射波前中非旋转对称像差的唯一来源,一般用泽尼克多项式表示;W_{SPE} 是由参数误差引入的像差,由于面型参数决定了非球面的形状特征,因此参数误差影响整个非球面,具有一定的特征,可以从数学的角度作进一步分析。

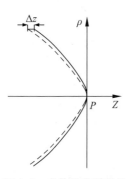

图 4.6　参数误差引起的面形变化

由于参数误差的引入,反射波前中将包含额外的像差,即反射波前的光程分布发生了变化,而光程分布的变化是由非球面的面形变化引起的。因此,W_{SPE} 对应于非球面的面形变化。如图 4.6 所示,实线表示存在参数误差的实际非球面,虚线表示理想非球面,Δz 表示由参数误差引起的面形变化,则其反射波前的额外光程变化为 $2\Delta z$,所以 W_{SPE} 应满足 $W_{\text{SPE}} = 2\Delta z$,也就是说,参数误差引起的反射波前额外像差等于面形变化的两倍。为了对参数误差引入的像差进行分析,我们只需要研究由参数误差引起的非球面面形变化。

对式(4.6)进行麦克劳林级数展开(McLaurin series expansion),可以获得如下形式的表达式:

$$z = D_2 \cdot S^2 + D_4 \cdot S^4 + D_6 \cdot S^6 + D_8 \cdot S^8 + \sum_{i=4}^{n} D_{2i} \cdot S^{2i} \tag{4.6}$$

式中,D_{2i} 为非球面形变系数。前四项形变系数可以表示为

$$D_2 = \frac{1}{2R_0} \tag{4.7}$$

$$D_4 = A_4 + \frac{K_0 + 1}{8R_0^3} \tag{4.8}$$

$$D_6 = A_6 + \frac{(K_0 + 1)^2}{16R_0^5} \tag{4.9}$$

$$D_8 = A_8 + \frac{5(K_0 + 1)^3}{128R_0^7} \tag{4.10}$$

式(4.6)是以偶次多项式的形式描述非球面,其好处在于,可以将非球面看成由一个抛物面再加上若干修正项构成的曲面,便于分析参数误差引起的面形变化和像差。向非球面引入两个参数:顶点曲率半径误差 ΔR 和二次曲面常数误差 ΔK,则式(4.6)可以表示为

$$z' = D_2' \cdot S^2 + D_4' \cdot S^4 + D_6' \cdot S^6 + D_8' \cdot S^8 + \sum_{i=4}^{n} D_{2i}' \cdot S^{2i} \tag{4.11}$$

式中,D_{2i}' 是引入参数误差以后的非球面形变系数,表达式与 D_{2i} 相似,只需用 $R_0 + \Delta R$ 和 $K_0 + \Delta K$ 分别代替 R_0 和 K_0 即可。

此时,由参数误差引起的非球面的面形变化可以表示为

$$\Delta z = z' - z = \Delta D_2 \cdot S^2 + \Delta D_4 \cdot S^4 + \Delta D_6 \cdot S^6 + \Delta D_8 \cdot S^8 + \sum_{i=4}^{n} \Delta D_{2i} \cdot S^{2i} \tag{4.12}$$

式中,Δz 满足 $W_{\text{SPE}} = 2\Delta z$,$\Delta D_{2i}$ 是由参数误差引入的非球面形变系数的变化。因此,前四项形变系数的变化可以表示为

$$\Delta D_2 = \frac{1}{2(R_0 + \Delta R)} - \frac{1}{2R_0} = -\frac{\Delta R}{2R_0(R_0 + \Delta R)} \tag{4.13}$$

$$\Delta D_4 = \frac{K_0 + \Delta K + 1}{8(R_0 + \Delta R)^3} - \frac{K_0 + 1}{8R_0^3} + \Delta A_4 \tag{4.14}$$

$$\Delta D_6 = \frac{(K_0 + \Delta K + 1)^2}{16(R_0 + \Delta R)^5} - \frac{(K_0 + 1)^2}{16R_0^5} + \Delta A_6 \tag{4.15}$$

$$\Delta D_8 = \frac{5(K_0 + \Delta K + 1)^3}{128(R_0 + \Delta R)^7} - \frac{5(K_0 + 1)^3}{128R_0^7} + \Delta A_8 \tag{4.16}$$

我们选取 ΔD_4 的表达式,即式(4.14)作为参数误差测量的理论方程之一。

通过前面的分析和研究,对于顶点曲率半径误差 ΔR 和二次曲面常数误差 ΔK,可以构建两个方程来表征二者的关系。这两个方程可以表示为

$$\Delta VP = \Delta R + \left[\frac{K_0 \cdot \Delta R - R_0 \cdot \Delta K}{2R_0 \cdot (R_0 + \Delta R)} - 4(2R_0 + \Delta R)A_4 \cdot \Delta R \right] S_A^2 \tag{4.17}$$

$$\Delta D_4 = \frac{K_0 + \Delta K + 1}{8(R_0 + \Delta R)^3} - \frac{K_0 + 1}{8R_0^3} \tag{4.18}$$

式中：$\Delta VP = VP' - VP$，表示非球面参数误差引起最佳补偿位置的变化；ΔD_4 表示面形变化的 S^4 分量的拟合系数。联立式(4.17)和式(4.18)，代入测量得到的 ΔVP 和 ΔD_4，即可计算出被测非球面的参数误差。

4.3　非球面参数误差测量方法

4.3.1　非球面参数误差测量系统

基于部分补偿干涉的非球面参数误差测量系统包括两部分：虚拟部分补偿干涉系统(virtual partial compensation interferometry system，Virtual PCI)和实际部分补偿干涉系统(real partial compensation interferometry system，Real PCI)。

虚拟部分补偿干涉系统可以在 ZEMAX 光学设计软件中建立，如图 4.7 所示。在该系统中，物平面产生准直光，像平面接收经由理想透镜会聚的剩余波前，最后在计算机中由剩余波前来生成虚拟干涉图。

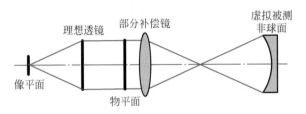

图 4.7　虚拟部分补偿干涉系统的结构示意图

综合斐索型干涉系统和泰曼-格林型干涉系统的光路结构，可设计如图 4.8 所示的实际部分补偿干涉系统。其中，六维调整机构用于实际被测非球面和部分补偿镜的姿态微调；高精度直线导轨用于被测非球面的精确移动；标准平面镜是干涉系统的参考面，与激光器、准直扩束系统、上下分光板、CCD(系统光路校准)、望远系统和 CCD 探测器共同构成了整个测量系统的主体——干涉仪。

至此，使用如图 4.7 所示的虚拟部分补偿干涉系统和如图 4.8 所示的实际部分补偿干涉系统，建立了基于部分补偿干涉的非球面参数误差测量系统。而为了降低参数误差测量系统的调节难度，需要依靠部分补偿干涉系统的位置补偿原理来对测量方法进行调整。

4.3.2　非球面参数误差测量流程

按照如图 4.9 所示的原理图进行非球面参数误差的测量，其中图(a)是实际部分补偿干涉系统，而图(b)和图(c)均是虚拟部分补偿干涉系统；P_0 是虚拟被测非

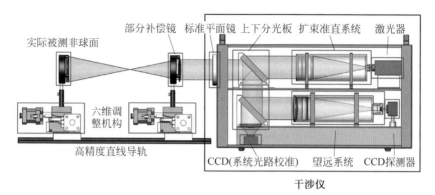

图 4.8　实际部分补偿干涉系统的结构示意图

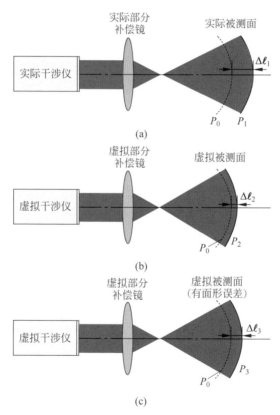

图 4.9　非球面参数误差测量原理图

球面的最佳补偿位置,作为三个系统共同的初始位置;P_1 是实际被测非球面的最佳补偿位置;P_2 是被测非球面的最佳补偿标定位置,用于测量部分补偿干涉系统测量的广义面形误差；P_3 是去偶次项的最佳补偿标定位置，用于最佳补偿位置变化 $\Delta VP_\ell = VP_1 - VP_3 = \Delta \ell_1 - \Delta \ell_3$ 的测量和 $\Delta D_{4\ell}$ 的拟合计算。

我们可以建立非球面参数误差测量的流程，如图 4.10 所示。

(1) 在系统(a)中，将 P_0 作为初始位置，沿光轴方向移动实际被测非球面，比较不同位置干涉图的条纹密度，条纹最稀疏的位置记为 P_1，测量 P_0 到 P_1 的位移 $\Delta \ell_1$，并采集相应的实际干涉图 I_1。

(2) 将理想非球面(面型参数为 R_0 和 K_0)作为系统(b)和系统(c)的初始虚拟被测非球面，设置迭代次数 $i = 1$。

(3) 在系统(b)中，将 P_0 作为初始位置，沿光轴方向移动虚拟被测非球面，采集不同位置的剩余波前像差 W_b，分别生成各位置的虚拟干涉图 I_2，通过数字莫尔移相干涉技术，比较 I_1 与不同位置 I_2 的差值 ΔW_b，峰谷值最小的位置记为 P_2，记录相应的差值 $\Delta W_{b\ell}$。

(4) 对 $\Delta W_{b\ell}$ 的各 S^{2i} 分量进行拟合，其拟合结果记为 ΔW_D，则去偶次项的面形误差为 $\Delta W_{\ell D} = \Delta W_{b\ell} - \Delta W_D$。

(5) 在系统(c)中，将 P_0 作为初始位置，沿光轴方向移动虚拟被测非球面，采集不同位置的剩余波前像差 W_{c0} 向其添加 $\Delta W_{\ell D}$，得到 $W_c = W_{c0} + \Delta W_{\ell D}$，分别生成各位置的虚拟干涉图 I_3，通过数字莫尔移相干涉技术，比较 I_1 与不同位置 I_3 的差值 ΔW_c，峰谷值最小的位置记为 P_3，测量 P_0 到 P_3 的位移 $\Delta \ell_3$。

(6) 将虚拟被测非球面定位在 P_3，采集剩余波前像差 $W_{c\ell}$(不添加 $\Delta W_{\ell D}$)，生成虚拟干涉图 I_4，通过数字莫尔移相干涉技术处理 I_1 与 I_4，得到剩余波前像差的差值 $\Delta W_{c\ell}$，对 $\dfrac{\Delta W_{c\ell}}{2}$ 的 S^4 分量进行拟合，获得其系数 $\Delta D_{4\ell}$。

(7) 计算 P_3 到 P_1 的距离，即可获得消除面形误差影响的最佳补偿位置标定变化 $\Delta VP_\ell = VP_1 - VP_3 = \Delta \ell_1 - \Delta \ell_3$。

(8) 把 ΔVP_ℓ 和 $\Delta D_{4\ell}$ 代入式(4.17)和式(4.18)，计算 ΔR_i 和 ΔK_i。

(9) 计算第 i 次迭代的非球面面型参数，$R_i = R_{i-1} + \Delta R_i$ 和 $K_i = K_{i-1} + \Delta K_i$。

(10) 判断 R_i 和 K_i 是否满足 $|R_i - R_{i-1}| < \varepsilon_R$ 和 $|K_i - K_{i-1}| < \varepsilon_K$，其中 ε_R 和 ε_K 是预先定义的迭代结束条件；如果条件不满足，将非球面(面型参数为 R_i 和 K_i)作为系统(b)和系统(c)的虚拟被测非球面，令 $i = i + 1$，并重复(3)~(10)的过程；如果条件满足，则执行(11)的过程。

(11) 计算被测非球面的参数误差，$\Delta R = R_i - R_0$，$\Delta K = K_i - K_0$。

使用非球面参数误差测量系统及其测量流程，即可完成非球面顶点曲率半径误差和二次曲面常数误差的测量。

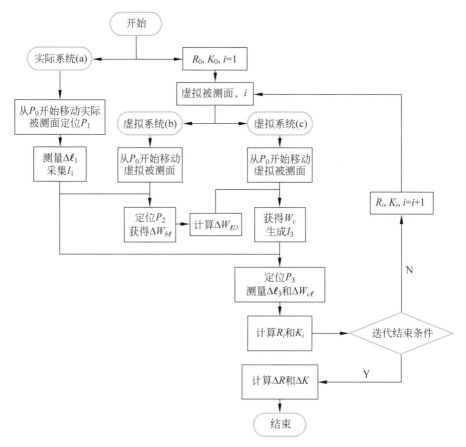

图 4.10　非球面参数误差测量的流程图

4.4　非球面参数误差测量系统及实验结果

前文设计了非球面参数误差测量系统,并提出相应的测量流程。本节介绍非球面参数误差测量系统的搭建和验证。验证内容包括以下两点:①非球面参数误差测量流程的实际应用效果;②非球面参数误差测量系统的实际检测精度。

4.4.1　实验系统搭建

首先,在 ZEMAX 光学设计软件中,使用表 4.1 所述的部分补偿镜,针对两个非球面进行虚拟部分补偿干涉系统的搭建。上述两个非球面都是标准产品[18],其标称参数见表 4.2,斜率非球面度分布如图 4.11 所示,理想最佳补偿距离为1834.36 mm(♯32-064-533)和 2672.58 mm(♯32-067-522)。

表 4.1　实际部分补偿干涉系统的部分补偿镜结构参数

元件	表面	曲率半径/mm	厚度/mm	材料	口径/mm	面形误差/λ
部分补偿镜	1	578.4	22.00	K9	90.00	1/10
	2	−3350.0				

表 4.2　实际非球面的参数

非球面	D/mm	R_0/mm	K_0	$A_{2i}(i \geqslant 2)$/mm^{-2i+1}	面形误差/λ
♯32-064-533	76.2	889	−1	0	1/8
♯32-067-522	108	1727.2	−1	0	1/8

建立非球面♯32-064-533的两个虚拟部分补偿干涉系统,分别记为 PCI-1 和 PCI-2(分别对应图 4.9 中的(b)和(c)所示系统),它们的结构参数是一样的,见表 4.3。而对于非球面♯32-067-522,其虚拟部分补偿干涉系统的结构与♯32-064-533 的相同,只需将虚拟最佳补偿距离(表面 3 和表面 4 之间的距离)设置为 2674.84 mm 即可。

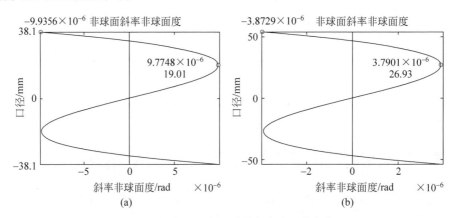

图 4.11　实际非球面的斜率非球面度分布

(a) ♯32-064-533 的斜率非球面度分布；(b) ♯32-067-522 的斜率非球面度分布

表 4.3　包含♯32-064-533 的部分补偿干涉系统结构参数

元件	表面	曲率半径/mm	厚度/mm	材料	口径/mm	二次曲面常数
物平面	1	无穷大	10.00		90.00	0
部分补偿镜	2	578.4	22.00	K9	90.00	0

续表

元件	表面	曲率半径/mm	厚度/mm	材料	口径/mm	二次曲面常数
部分补偿镜	3	−3350.0	1836.23		90.00	0
♯32-064-533	4	889.0	−1836.23	MIRROR	76.20	−1.0
部分补偿镜	5	−3350.0	−22.00	K9	90.00	0
部分补偿镜	6	578.4	−20.00		90.00	0
理想透镜	7		−100.00		90.00	
像平面	8	无穷大				

然后,按照如图 4.8 所示的结构示意图搭建实际部分补偿干涉系统。

实际系统选用 ZYGO 公司的 4 英寸 DynaFiz 干涉仪作为测量系统的主体,平面标准镜头的表面精度为 $1/20\lambda$,测量光束的波长为 632.8 nm,CCD 探测器的分辨率为 1200 pixel×1200 pixel,测量均方根重复性为 0.06 nm。

精密平移导轨的有效行程为 600 mm 和 1500 mm,垂直方向的直线度优于 0.01 mm/60 mm,平移精度均为 0.01 mm。导轨滑块的承重为 5 kg,可以搭载实际非球面及其六维调整机构进行平移。导轨滑块的联动读数装置是通过磁栅数显完成的,磁栅位移测量模块的分辨率为 0.01 mm,测量重复性为 0.01 mm,系统精度为 0.01 mm/200 mm。

对于上述两个实际非球面,其部分补偿干涉系统的最佳补偿距离(1836.35 mm 和 2674.84 mm)均大于高精度直线导轨的有效行程,无法将实际非球面和部分补偿镜同时安装在导轨上,需要在搭建实际系统的时候,将干涉仪和可拆式组合消球差透镜组(包含部分补偿镜、共轭镜组及可拆卸镜筒机械结构)固定在光学平台上(记为平台 1),而高精度直线导轨、实际非球面及其六维调整机构则固定在另一个光学平台上(记为平台 2)。这样做的优点是可以将较长的部分补偿干涉系统分成两个部分,分别进行安装和调整,降低系统对实验仪器设备的要求。同时,由于该测量系统是基于数字莫尔移相干涉技术进行干涉检测的,无机械移相,在测量过程中只需在最佳补偿位置采集一幅干涉图,所以两个光学平台振动不一致导致的误差较小。当然在确定被测非球面的猫眼位置和最佳补偿位置的时候,上述系统安装方法会增加干涉图的判读难度。此外,分别在两个光学平台上进行光学元件的安装,也会使调整光路对准的难度增加。

根据上述系统结构,选取长焦距的共轭镜组来进行可拆式组合消球差透镜组的安装。

综上所述,我们将实际部分补偿干涉系统最终调整为如图 4.12 所示的结构,基于该结构搭建的实际系统如图 4.13 所示。

图4.12 经过调整的实际部分补偿干涉系统结构示意图

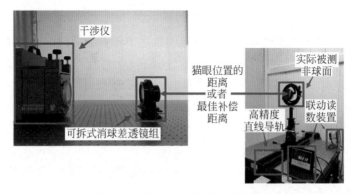

图4.13 实际部分补偿干涉系统

为了验证该系统的测量精度,首先进行比对实验。委托中国计量科学研究院的专业技术人员对被测非球面真值进行测量,其选用的设备是日本松下公司的三坐标测量机 UA3P。这是一种高精度的探针扫描式三坐标测量机,可以获得被测非球面的绝对面形,其 z 轴的分辨率可达 10 nm,x 轴和 y 轴的横向分辨率则分别设置为 0.01 mm 和 2 mm。测量得到 $\Delta R_{\mathrm{UA3P}} = -2.00$ mm 和 $\Delta K_{\mathrm{UA3P}} = -0.0540$。

4.4.2 实验结果与分析

首先,进行非球面♯32-064-533的参数误差测量,测量过程如下。

(1) 根据定位系统确定实际部分补偿干涉系统的猫眼位置 $VP_{\mathrm{cats\text{-}eye}} = 1570.92$ mm,将实际非球面移动至初始位置 $VP_0 = 1836.23$ mm。

(2) 寻找干涉图条纹最稀疏的位置 $VP_1 = 1834.34$ mm,记录 P_0 到 P_1 的位移 $\Delta\ell_1 = -1.89$ mm,并采集相应的实际干涉图 I_1,如图4.14所示。其中,图(a)是定位 P_1 时得到的干涉图,并不能直接用于数字莫尔移相干涉技术的处理,需要对 DynaFiz 干涉仪进行对焦来去除图(a)边缘的衍射效应,同时调节平面标准镜头,向图(a)添加倾斜,由此可以得到如图(b)所示的干涉图分布,即上述采集到的

实际干涉图 I_1。

（3）令 $i=1$，在虚拟系统 PCI-1 中，调整虚拟非球面的位置，直至基于数字莫尔移相干涉技术的测量结果达到最小，得到虚拟非球面的最佳补偿标定位置 P_2，记录 $\Delta \ell_2 = 0.11$ mm，同时计算去偶次项的面形误差 $\Delta W_{\ell D}$。

（4）在虚拟系统 PCI-2 中添加 $\Delta W_{\ell D}$，调整虚拟非球面的位置，得到去偶次项的最佳补偿标定位置 P_3，记录 $\Delta \ell_3 = 0.12$ mm，并计算消除面形误差影响的最佳补偿位置标定变化 $\Delta VP_\ell = \Delta \ell_1 - \Delta \ell_3 = -2.01$ mm。

（5）将虚拟系统 PCI-1 中的虚拟非球面定位在 P_3，计算剩余波前像差的差值 $\Delta W_{c\ell}$，对 $\dfrac{\Delta W_{c\ell}}{2}$ 的 S^4 分量进行拟合，获得其系数 $\Delta D_{4\ell} = -9.8935 \times 10^{-12}$ mm^{-3}。

（6）把 ΔVP_ℓ 和 $\Delta D_{4\ell}$ 代入式（4.17）和式（4.18），可得 $R_1 = 886.96$ mm，$K_1 = -1.0552$。不满足 $|R_1 - R_0| < 0.01$ mm 和 $|K_1 - K_0| < 0.0010$，以 R_1 和 K_1 为虚拟非球面的参数，建立新的虚拟部分补偿系统，令 $i = 2$，继续后续的迭代过程。

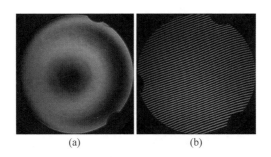

(a)   (b)

图 4.14 实际最佳补偿位置 P_1 的干涉图

（a）用于 P_1 定位的干涉图；（b）采集到的实际干涉图 I_1

各次迭代测量的结果见表 4.4。第 4 次迭代的时候，R_4 和 K_4 满足 $|R_4 - R_3| < \varepsilon_R$ 和 $|K_4 - K_3| < \varepsilon_K$ 的条件，迭代过程结束，$R_4 = 886.99$ mm，$K_4 = -1.0596$。

表 4.4 非球面 ♯ 32-064-533 面型参数 R_i 和 K_i 的迭代测量结果

迭代次数 i	$\Delta \ell_1 / $mm	$\Delta \ell_3 / $mm	$R_i / $mm	K_i
1	-1.89	0.12	886.96	-1.0552
2	-1.89	-1.91	886.98	-1.0596
3	-1.89	-1.90	886.99	-1.0596
4	-1.89	-1.89	886.99	-1.0596

分别计算非球面 ♯32-064-533 的顶点曲率半径误差和二次曲面常数误差,可得 $\Delta R = R_4 - R_0 = -2.01$ mm,$\Delta K = K_4 - K_0 = -0.0596$。

对比 UA3P 测量获得的参数误差的真值,相对测量精度为 $\left| \dfrac{\Delta R_r}{R_{\mathrm{UA3P}}} \right| = \left| \dfrac{-2.01 - (2.00)}{887.00} \right| = 0.0011\%$,$\left| \dfrac{\Delta K_r}{K_{\mathrm{UA3P}}} \right| = \left| \dfrac{-0.0596 - (0.0540)}{-1.0540} \right| = 0.5\%$。

为了验证非球面参数误差测量系统的重复性,对非球面 ♯32-064-533 进行了 8 次测量,其结果见表 4.5。其中,VP_1 是实际非球面的最佳补偿位置;$\Delta \ell_1$ 是 P_0 到 P_1 的位移,与 VP_1 对应;ΔR 和 ΔK 是实际非球面的参数误差;$\Delta R_r = \Delta R - \Delta R_{\mathrm{UA3P}}$,$\Delta K_r = \Delta K - \Delta K_{\mathrm{UA3P}}$;$\Delta R$ 和 ΔK 的精度表示其相对测量精度,分别为 $\left| \dfrac{\Delta R_r}{R_{\mathrm{UA3P}}} \right|$ 和 $\left| \dfrac{\Delta K_r}{K_{\mathrm{UA3P}}} \right|$。

表 4.5　非球面 ♯32-064-533 的参数误差 ΔR 和 ΔK 的重复测量结果

VP_1 /mm	$\Delta \ell_1$ /mm	ΔR/mm	ΔR_r/mm	ΔR 的精度 /%	ΔK/mm	ΔK_r/mm	ΔK 的精度 /%
1834.34	−1.89	−2.01	−0.01	0.0011	−0.0596	−0.0056	0.53
1834.44	−1.79	−1.99	0.01	0.0011	−0.0352	0.0188	1.78
1834.04	−2.19	−2.05	−0.05	0.0056	−0.0482	0.0058	0.55
1834.64	−1.59	−2.05	−0.05	0.0056	−0.0665	−0.0125	1.19
1834.24	−1.99	−2.02	−0.02	0.0023	−0.0531	0.0009	0.09
1834.54	−1.69	−2.01	−0.01	0.0011	−0.0472	0.0068	0.65
1834.14	−2.09	−2.06	−0.06	0.0068	−0.0514	0.0026	0.25
1834.43	−1.80	−1.99	0.01	0.0011	−0.0413	0.0127	1.20

对重复测量的结果进行分析,ΔR 和 ΔK 的标准差分别是 0.0259 mm 和 0.0092;ΔR 的平均值 $\overline{\Delta R} = -2.0225$ mm,其相对测量精度为 0.0025%;ΔK 的平均值 $\overline{\Delta K} = -0.0503$,其相对测量精度为 0.35%。

其次,进行非球面 ♯32-067-522 的参数误差测量,8 次测量的结果见表 4.6。由 UA3P 测量的参数误差真值为 $\Delta R_{\mathrm{UA3P}} = -18.57$ mm 和 $\Delta K_{\mathrm{UA3P}} = -0.3237$。对结果进行分析,$\Delta R$ 和 ΔK 的标准差分别是 0.0982 mm 和 0.0608;ΔR 的平均值 $\overline{\Delta R} = -18.2825$ mm,其相对测量精度为 0.0166%;ΔK 的平均值 $\overline{\Delta K} = -0.3026$,其相对测量精度为 1.59%。

表 4.6　非球面♯32-067-522 的参数误差 **ΔR** 和 **ΔK** 的重复测量结果

VP_1/mm	$\Delta\ell_1/mm$	$\Delta R/mm$	$\Delta R_r/mm$	ΔR 的精度/%	$\Delta K/mm$	$\Delta K_r/mm$	ΔK 的精度/%
2657.29	−17.55	−18.24	0.33	0.0191	−0.2569	0.0668	5.05
2657.28	−17.56	−18.34	0.23	0.0133	−0.2462	0.0775	5.85
2657.18	−17.66	−18.19	0.38	0.0220	−0.2820	0.0417	3.15
2657.56	−17.28	−18.25	0.32	0.0185	−0.3384	−0.0147	1.11
2656.95	−17.89	−18.34	0.23	0.0133	−0.2540	0.0697	5.27
2657.79	−17.05	−18.49	0.08	0.0046	−0.4059	−0.0822	6.21
2656.52	−18.32	−18.25	0.32	0.0185	−0.2513	0.0724	5.47
2658.12	−16.72	−18.16	0.41	0.0237	−0.3860	−0.0623	4.71

　　图 4.15(a)和(b)分别给出了 UA3P 三坐标测量机和本章所建测量系统的去偶次项面形误差测量结果。对比二者的去偶次项面形误差,其分布大体上是相同的,其中图 4.15(a)的峰谷值为 0.1560λ,均方根值为 0.074λ;图 4.15(b)的峰谷值为 0.1542λ,均方根值为 0.0611λ,二者峰谷值和均方根值的偏差分别为 0.0018λ 和 0.0129λ。该非球面的去偶次项面形误差的测量结果较好。

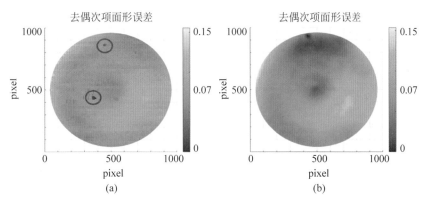

图 4.15　非球面♯32-067-522 的去偶次项面形误差测量结果(单位:λ)

(a) UA3P 三坐标测量机的测量结果;(b) 本章所建测量系统的测量结果

　　上述测量结果表明,我们提出的非球面参数误差测量系统可以用于实际非球面的检测,其测量流程是合理有效的,且待测物理量的获取也较为容易。使用该参数误差测量系统对同一个非球面进行多次检测,其顶点曲率半径误差的平均测量精度优于 0.02%,二次曲面常数误差的平均测量精度优于 2.00%。提高最佳补偿位置的定位精度和面形变化 S^4 分量的求解精度,可以进一步提高非球面参数误差的相对测量精度。

参考文献

［1］ DÍAZ-URIBE R，CAMPOSGARCÍA M. Null-screen testing of fast convex aspheric surfaces ［J］. Appl. Opt. ，2000，39(16)：2670-2677.

［2］ ESTRADA-MOLINA A，CAMPOSGARCÍA M，DÍAZ-URIBE R. Sagittal and meridional radii of curvature for a surface with symmetry of revolution by using a null-screen testing method［J］. Appl. Opt. ，2013，52(4)：625-634.

［3］ CAMPBELL C E，FARRER S W，NEAL D R，et al. System and method for measuring corneal topography：US07976163B2［P］. 2011-07-12.

［4］ RODRÍGUEZRODRÍGUEZ M I，JARAMILLONÚÑEZ A，DÍAZ-URIBE R. Dynamic point shifting with null screens using three LCDs as targets for corneal topography［J］. Appl. Opt. ，2015，54(22)：6698-6710.

［5］ WANG H，LI Y，ZENG L，et al. A simple ray tracing method for measuring the vertex radius of curvature of an aspheric mirror［J］. Optics Communications，2004，232(1-6)：61-68.

［6］ YANG Y，ZHANG L，SHI T，et al. Determination of aspheric vertex radius of curvature in non-null interferometry［J］. Appl. Opt. ，2015，54(10)：2838-2844.

［7］ PI Y，REARDON P J. Determining parent radius and conic of an off-axis segment interferometrically with a spherical reference wave［J］. Optics Letters，2007，32(9)：1063-1065.

［8］ 李腾飞. 基于最接近比较球面的部分补偿干涉法非球面参数误差测量［D］. 北京：北京理工大学，2018.

［9］ HAO Q，LI T，HU Y，et al. Vertex radius of curvature error measurement of aspheric surface based on slope asphericity in partial compensation interferometry［J］. Optics Express，2017，25(15)：18107-18121.

［10］ HAO Q，LI T，HU Y，et al. Partial compensation interferometry measurement system for parameter errors of conicoid surface［J］. Review of Scientific Instruments，2018，89(6)：063102.

［11］ 潘君骅. 光学非球面的设计、加工与检测［M］. 苏州：苏州大学出版社，2004.

［12］ 潘宝珠，陈涛，李帅，等. 旋转轴对称曲面的数学-光学性质研究［J］. 中国西部科技，2009，8(12)：120-122.

［13］ 叶立清. 超精密加工技术在非球面加工中的应用［J］. 机电工程技术，2001，30(2)：42-43.

［14］ 谢枫. 部分补偿非球面检测法的关键问题研究［D］. 北京：北京理工大学，2010.

［15］ 刘惠兰. 基于部分补偿透镜的非球面检测方法研究［D］. 北京：北京理工大学，2004.

［16］ 安连生. 应用光学［M］. 3版. 北京：北京理工大学出版社，2009.

［17］ 李晓彤，岑兆丰. 几何光学·像差·光学设计［M］. 3版. 杭州：浙江大学出版社，2014.

［18］ 爱特蒙特光学. Edmund optics［EB/OL］. ［2017-12-10］. https://www.edmundoptics.com.

非球面干涉检测动态范围扩展研究

本章首先介绍高陡度非球面波前检测的研究背景,以及非球面检测动态范围扩展技术的研究进展,并概述各种方法的优缺点,指出扩展非球面动态测量范围实现高陡度非球面波前测量的需求和技术难题。其次,针对部分补偿法数字莫尔移相干涉测高陡度非球面波前时,其产生的密集干涉条纹导致频谱混叠问题,提出了两步载波拼接和数字莫尔-牛顿迭代优化两种方法,研究结果表明,两种方法均有效扩展了非球面的动态检测范围。

5.1 高陡度非球面检测的意义

随着非球面特别是大非球面度非球面在国防军事和民用领域的广泛应用,对高陡度非球面的面形精度检测提出了更高的要求[1-3]。例如,高功率激光系统中的打靶聚焦镜,采用大口径、高陡度、高精度非球面镜,系统对影响聚焦性能的低频误差、增大光斑尺寸和降低成像质量的中频误差以及增大散射角度和降低系统信噪比的高频误差都提出了严格要求。导弹制导系统中的共形光学整流罩,采用了考虑空气动力学特性,并具有校正像差、改进像质和减轻系统质量的大非球面度高精度非球面。在民用应用领域,随着镜头向高品质、轻量化和小型化方向发展,特别是手机中的镜头模组兼具自动聚焦、光学聚焦,以及成像质量和机身轻薄等考虑因素,使用具有更大设计自由度的微型高精度非球面镜已成趋势。高数值孔径投影物镜中,采用了非球面度为几百微米的非球面,有效减少了物镜的元件数目,提高了系统能量利用率,同时降低了激光器功率要求。其中,大非球面度非球面的高精度面形误差检测是高数值孔径投影物镜实现的关键技术[3]。

在非球面的加工和测试中,非球面相对于最佳拟合参考球面的偏离量大小即非球面度,决定了非球面加工和检测的难易程度。特别是从非球面的测试角度看,对于面形误差很小的大非球面度非球面,如果被测非球面没有经过非球面零位补偿,其产生的被测波前为斜率非常大的高陡度非球面波前[4];此外,通过模压方法获得的、面形误差达到几微米甚至数十微米的非球面和自由曲面,以及在研磨和粗抛阶段、残差达几十上百个波长的浅度非球面,即使针对非球面设计了特定的部分补偿镜甚至零位补偿器,由于非球面表面面形的残差比较大,其产生的被测球面波前仍为大斜率高陡度非球面波前。

因此,扩展非球面检测技术的动态检测范围,使之可以实现高陡度非球面波前的高精度测量,进而实现非球面面形误差的高精度测量,一直是非球面检测技术的重大挑战和研究重点。

5.2　两步载波拼接干涉测量

5.2.1　数字莫尔移相法的局限

为了实现单幅干涉图求解面形误差,现有数字莫尔移相(DMP)法对剩余波前空间频率存在阈值限制。在剩余波前最大波前斜率超过阈值或者加入的载波频率不足以完全分离莫尔合成图的和频项与差频项时,会出现求解误差。

使用 DMP 算法时,若在莫尔合成前通过希尔伯特变换或其他手段消除干涉图的直流项 I_d,则莫尔合成干涉图的频谱仅包含和频项与差频项。为清楚说明大剩余波前斜率下的频谱分布,使用一维的莫尔合成图频谱图进行分析,如图 5.1 所示。中心峰区域表示差频项频谱,两侧峰区域表示和频项频谱。f_N 表示探测器的奈奎斯特采样频率;$f_C = f_V + f_R$,表示实际干涉图与虚拟干涉图附加的平面载波空间频率和,因为附加载波 f_V 约等于 f_R,故差频项基本位于频谱原点位置。当剩余波前比较小、分布比较平缓时,其频谱分布亦较窄,通过附加一定的载波,可以将和频项与差频项完全分开,如图 5.1(a)所示。此时通过图中虚线框所示的低通滤波器,可将所需要的差频项滤出。再通过逆傅里叶变换和相位解算程序,可以求得面形误差。但当剩余波前比较大、频谱分布较广时,如图 5.1(b)所示,此时由于探测器奈奎斯特频率所限,通过加入有限的载波频率 f_C,无法完全将差频项与和频项分开,此时无论使用何种滤波器,在滤出的频谱信息中,都会混杂着低频和部分高频信息,在求解面形误差过程中会出现求解误差。在面形误差和探测器的奈奎斯特频率一定时,为了使频谱信息完全分离,剩余波前的带宽被限制在传统移相干涉测量方法的 1/2 处。因此,DMP 为了实现简易、抗振干涉测量,牺牲了可测剩余波前的带宽。

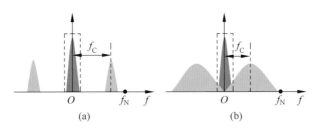

图5.1　DMP中和频项(黄色旁瓣区域)和差频项(蓝色中心区域)的频谱分布

(a)剩余波前较小的情况下;(b)剩余波前较大的情况下

以下通过自由曲面测量仿真实验详细说明大剩余波前斜率情况下,因频谱混叠而出现的面形误差求解误差。

图5.2是仿真中使用ZEMAX软件建立的斐索干涉仪结构示意图。参考镜为半反半透镜,用于产生参考波前,补偿镜为平凹透镜,$R_1=0$,$R_2=-800$ mm,中心厚度为10 mm,材料为K9玻璃。被测镜为自由曲面反射镜,初始顶点曲率半径为-1727 mm,其面形通过附加泽尼克多项式控制。仿真建模时,未考虑参考镜和补偿镜的加工误差,认为是理想加工面,软件建模完成后可以在像面读取仿真干涉图。此次仿真中,被测镜附加第四项泽尼克多项式,最终像面的剩余波前PV为$44.2\lambda(\lambda=632.8$ nm),剩余波前分布如图5.3(a)所示。

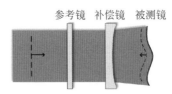

参考镜　补偿镜　被测镜

图5.2　仿真中使用的斐索干涉仪结构示意图

参考镜用于产生平面参考波,补偿镜用于部分补偿被测镜的像差

因干涉图条纹过于密集,图中均使用剩余波前示意,实际求解过程中使用的是干涉图强度分布,干涉图的分辨率为1024 pixel×1024 pixel。之后通过泽尼克附加多项式为被测镜附加面形误差,如图5.3(b)所示,PV值为1.04λ。以未加入被测镜面形误差的干涉图作为虚拟干涉图,加入面形误差的干涉图作为实际干涉图,利用DMP进行面形误差的求解。图5.3(c)为$f_R=f_V=0$时莫尔合成图频谱分布,中心的较亮点为差频项频谱分布,周围较暗的圆形区域为和频项频谱分布。中心的虚线框为低通滤波器。因为$f_R=f_V=0$,故和频项和差频项的中心均位于原点,经过低通滤波器之后,差频项和部分和频项被滤出,以此频谱为基础,解得的面形误差如图5.3(d)所示。大部分面形误差可以被正确求解,但中心区域存在部分求解错误区域,用红色虚线标示。为了分离差频项与和频项,为剩余波前加入一定

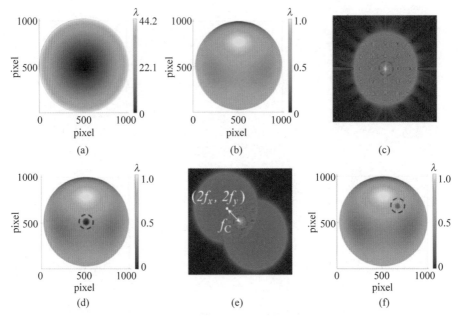

图 5.3　加入不同载波情况下，通过 DMP 求解的面形误差

（a）剩余波前分布；（b）面形误差真值分布；（c）$f_R=f_V=0$ 时莫尔干涉图频谱分布；（d）图（c）情况下使用低通滤波器求解的面形误差结果；（e）$f_R=f_V\neq0$ 时的莫尔合成图频谱分布；（f）图（e）情况下使用低通滤波器求解的面形误差结果

载波，x 和 y 方向的载波频率记为 f_x 和 f_y，加入载波后的莫尔合成图频谱分布如图 5.3（e）所示。图中 f_C 为等效和载波，即 $f_C=f_R+f_V=2\sqrt{f_x^2+f_y^2}$。差频项中心依旧位于原点，但和频项中心和其共轭项位于（$\pm2f_x$，$\pm2f_y$）。此时使用同样的低通滤波器，求得的面形误差如图 5.3（f）所示。类似地，大部分区域可以正确求解，但仍旧存在红色虚线标示的求解错误区域，因加入不同载波，该求解错误区域的中心位置发生了改变。

该仿真证明，DMP 求解过程中和频项与差频项无法完全分离时，得到的面形误差会存在求解错误区域，而且该错误区域与加入载波大小有关。基于此，提出两步载波拼接算法，用于 DMP 在自由曲面等复杂被测面面形测量过程中，和频项与差频项可能无法完全分离时的面形误差求解。

5.2.2　两步载波拼接干涉原理及关键技术

1. 两步载波拼接基本原理

两步载波拼接（TCSM）的基本思想是利用频谱混叠情况下，DMP 求解面形误差产生的错误区域位置与载波有关的现象，通过采集两幅加入不同载波的干涉图，解得两个带有不同求解错误区域的面形误差。之后再提取两个面形误差的正确区域进行拼接,最终得到完整的面形误差[5]。

分析频谱混叠区域和空域中错误区域的关系如下。

将去除直流项后的干涉图通过欧拉公式展开[6]

$$I_M(x,y) = c \cdot \exp[2\pi j(f_R + f_V)x] + c^* \cdot \exp[-2\pi j(f_R + f_V)x] +$$
$$d \cdot \exp[2\pi j(f_R - f_V)x] + d^* \cdot \exp[-2\pi j(f_R - f_V)x] \quad (5.1)$$

式中,$c = b_R b_V \exp[j(\varphi_R + \varphi_V)]$,$d = b_R b_V \exp[j(\varphi_R - \varphi_V)]$,$*$ 表示复共轭。前两项表示和频项及其复共轭,后两项表示差频项及其复共轭。之后,通过傅里叶变换建立频谱中的混叠位置与空域中求解错误区域的关系。

因为在傅里叶变换中,和频项频谱及其复共轭频谱完全关于原点对称,因此以下讨论不再讨论复共轭的影响。和频项的频谱记为 S,可以通过对二维傅里叶变换得到。另外,在傅里叶变换中,x 和 y 方向是独立的,为了方便说明,这里以 x 方向为例。

$$S = \int_{-\infty}^{\infty} b_V b_R \exp(j\varphi_S) \exp(2\pi j f_C x) \exp(-2\pi j \mu x) dx \quad (5.2)$$

式中,$\varphi_S = \varphi_R + \varphi_V$,$\mu$ 表示频率坐标。对于在 x_0 处的和频项频谱,记为 S_0,进行泰勒展开有

$$S_0 = b_V b_R \int_{-\infty}^{\infty} \exp\left\{ j \left[\varphi_{S0} + \varphi'_{S0}(x - x_0) + \frac{\varphi''_{S0}}{2!}(x - x_0)^2 \cdots \right] \right\} \times$$
$$\exp(2\pi j f_C x) \exp(-2\pi j \mu x) dx \quad (5.3)$$

采用级数越多的泰勒展开式,得到的结果会越精确,但采用级数过多会极大地增加运算量。对于测量光滑的光学表面而言,剩余波前二阶导数的绝对值远小于一阶导数的绝对值,因此为加快计算速度做近似处理,只采用前两项泰勒展开式。近似处理后,式(5.3)可以重写为

$$S_0 = b_V b_R \exp(j\varphi_{S0}) \int_{-\infty}^{\infty} \exp[j\varphi'_{S0}(x - x_0)] \exp(2\pi j f_C x) \cdot \exp(-2\pi j \mu x) dx$$
$$= b_V b_R \exp(j\varphi_{S0} - j\varphi'_{S0} x_0) \delta(\mu - \varphi'_{S0} - f_C) \quad (5.4)$$

式中,δ 表示冲激函数。由式(5.4)可以看出,和频项 S 在 x_0 处的频谱 S_0,与空域波前 φ_S 在 x_0 的一阶导数完全相等,只是存在一个 f_C 的频移。

如果频域中的低通滤波器截止频率为 f_0,则和频项混入低通滤波器的频谱为

$$\varphi'_S + f_C < f_0 \quad (5.5)$$

利用 3.4 节的方法消除系统装调误差后,在这里暂认为实际系统中不含有调整误差,或者调整误差引入的波前变化比较小,则 φ_S 可以表示为 $\varphi_S = 2\varphi_{RW} + \varphi_{SFE} \approx 2\varphi_{RW}$,$\varphi_{RW}$ 为部分补偿法中的剩余波前,φ_{SFE} 为面形误差引入的波前变化,因为 φ_{SFE} 与几十个波长的 φ_{RW} 相比,引起的变化很小,故计算波前导数时可以忽

略 φ_{SFE} 的影响。由式(5.5)可知,空域中求解时,产生的错误区域记为

$$\omega = (x,y) \mid \mid \nabla 2\varphi_{RW}(x,y) \mid + f_C < f_0 \tag{5.6}$$

式中,$\nabla\varphi_{RW} = (\partial\varphi_{RW}/\partial x, \partial\varphi_{RW}/\partial y)$,表示一阶差分算子。测量同一被测件时,剩余波前 φ_{RW} 保持不变,可以通过虚拟干涉仪建模得到。$f_R = f_V$ 可通过 DMP 算法得到,因此空域中求解错误区域 ω 位置由 f_R 决定。通过在实际干涉图中加入不同 f_R 的空间载波,ω 位置将会不同。故可以采集两幅带有不同空间载波频率 f_{R1} 和 f_{R2} 的实际干涉图,应用 DMP 算法分别求解面形误差。因为两个面形误差均带有错误区域,但错误区域的位置不同,此时再由算法选择正确的区域进行拼接,最终得到完整的、不含求解错误区域的面形误差。TCSM 法求解面形误差的算法 1 流程如下:

(1) 使用光学仿真软件(如 ZEMAX),精确建立虚拟干涉仪,在虚拟干涉仪的像面上得到理想系统剩余波前 φ_{RW};

(2) 建立实际干涉仪。使用实际干涉仪采集两幅带有不同载波频率的实际干涉图,两空间载波频率记为 f_{R1} 和 f_{R2};

(3) 通过 DMP 分别求解两幅干涉图对应的面形误差,求解的面形误差结果记为 E_{SFE1} 和 E_{SFE2},f_{R1} 和 f_{R2} 也可在 DMP 过程中得到;

(4) 以 E_{SFE1} 为基底,预标记 E_{SFE1} 的求解错误区域 ω,$\omega \in E_{SFE1}$;

(5) 通过算法 2 求解拼接向量,利用拼接向量调整 E_{SFE2} 的相对位置和倾斜,提取 E_{SFE2} 的拼接区域 ω',替代 E_{SFE1} 的相应区域;

(6) 得到最终完整的 E_{SFE}。

步骤(5)中的算法 2 是在拼接之前,求解两个面形误差的拼接向量,利用拼接向量调整 E_{SFE2} 的平移和倾斜量,使得 E_{SFE1} 和 E_{SFE2} 的平移和倾斜量相等。具体的求解算法将在本节第 3 部分详细介绍。

2. TCSM 拼接区域选择

本节第 1 部分介绍了 TCSM 的算法流程,详细推导了频谱混叠情况下确定空域错误区域的公式。但实际应用时,绝大多数的低通滤波器都存在截断效应。因此混叠的和频项经过低通滤波器滤波之后,在空域中的错误区域边缘会产生小的波纹。

图 5.4 是 TCSM 中截断效应的示意图,其中图(a)与图(b)中的数据分别是图 5.3(b)中面形误差真值与图 5.3(d)中求解面形误差的第 512 行数据。图中黑色虚线间的数据表示通过式求解的错误区域 ω。但在错误区域之外,图 5.4(b)还存在一部分小的波纹区域,通过图 5.4(c)的放大图可以更直观观察。该部分波纹由于低通滤波器的截断效应造成,会延伸到拼接区域之外,可能会对接下来的拼接和拼接向量的求取产生影响,最终造成拼接不准确。

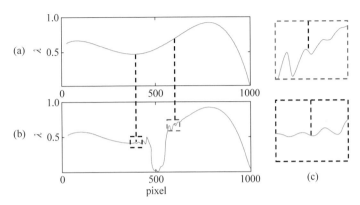

图 5.4　TCSM 中的截断效应示意图

（a）图 5.3（b）中面形误差真值第 512 行数据曲线；（b）图 5.3（d）中求解面形误差第 512 行数据曲线；
（c）图（a）与图（b）中虚线框放大示意图

这里考虑最坏的情况，使用截断效应最严重的矩形滤波器进行低通滤波。矩形滤波器的截止频率为 f_0，则该门函数的逆傅里叶变换可以表示为 sinc 函数

$$F^{-1}(G) = \int_{-f_0}^{f_0} e^{j2\pi\mu x} d\mu = 2f_0 \text{sinc}(2\pi f_0 x) \tag{5.7}$$

sinc 函数在主极大之外，还会有次级大和高次旁瓣的存在。为了防止其他旁瓣降低最终拼接结果的精度，重新定义拼接区域为 ω'，ω' 是错误区域 ω 的扩展，有

$$\omega' = (x,y) \mid \mid \nabla 2\varphi_{RW}(x,y) \mid + f_C < n \cdot f_0 \tag{5.8}$$

式中，n 是大于 1 的系数，对于 sinc 函数来说，第三或者更高的次级所包含的能量很小，因此可以将第二次级作为拼接区域的边界，此时，$n=2$。但如果在实验中使用截断效应更小的滤波器，截断效应将会明显减弱，此时如果仍然使用 $n=2$，会造成面形误差正确区域的浪费。大多数情况下，n 取 1.5 是一个合理的值。

3. TCSM 拼接算法

在进行面形误差拼接前，因为两幅实际干涉图加载的载波不同，两个面形误差的平移和倾斜参数存在一定偏差，如果直接用来进行拼接，会产生拼接误差。TCSM 中，可以通过算法预求得求解错误区域。设求得的 E_{SFE1} 和 E_{SFE2} 的相位为 φ_1 和 φ_2，有

$$\varphi_1(x,y) = \varphi_{10}(x,y) + a_1 x + b_1 y + c_1 \tag{5.9}$$

$$\varphi_2(x,y) = \varphi_{20}(x,y) + a_2 x + b_2 y + c_2 \tag{5.10}$$

式中，φ_{10} 和 φ_{20} 表示不含位置和倾斜参量的面形误差相位，a、b、c 分别表示 x 方向倾斜、y 方向倾斜、z 方向平移系数。理论上，除去求解错误区域 ω，求得的面形误差 φ_{10} 和 φ_{20} 应完全相等，则

$$\Delta\varphi(x,y) = \Delta a x + \Delta b y + \Delta c \tag{5.11}$$

式中，$\Delta\varphi$、Δa、Δb、Δc 分别表示 $\varphi_2(x,y) - \varphi_1(x,y)$、$a_2 - a_1$、$b_2 - b_1$、$c_2 - c_1$。定义拼接向量 $\boldsymbol{\tau} = (\Delta a, \Delta b, \Delta c)$。通过式(5.11)可以得到，如果要求解拼接向量 $\boldsymbol{\tau}$，至少需要三个方程，即需要三组 $\Delta\varphi$、x、y。为了获得更精确的结果，这里使用更多的方程和数据，利用最小二乘法求解拼接向量 $\boldsymbol{\tau}$。如果用来拼接的重叠区域内有 m 个点，有

$$\begin{cases} \varphi_2(x_1,y_1) - \varphi_1(x_1,y_1) - (\Delta a x_1 + \Delta b y_1 + \Delta c) = o_1 \\ \varphi_2(x_2,y_2) - \varphi_1(x_2,y_2) - (\Delta a x_2 + \Delta b y_2 + \Delta c) = o_2 \\ \vdots \\ \varphi_2(x_m,y_m) - \varphi_1(x_m,y_m) - (\Delta a x_m + \Delta b y_m + \Delta c) = o_m \end{cases} \tag{5.12}$$

式中，o 表示残差，利用最小二乘法原理，使得残差平方和最小，即

$$f(\Delta a, \Delta b, \Delta c) = o_1^2 + o_2^2 + \cdots + o_m^2 \to 0 \tag{5.13}$$

分别对上式求 Δa、Δb 和 Δc 的偏导数，并令偏导数为零，有

$$\begin{bmatrix} \sum\limits_{i=1}^{m} x_i^2 & \sum\limits_{i=1}^{m} x_i y_i & \sum\limits_{i=1}^{m} x_i \\ \sum\limits_{i=1}^{m} x_i y_i & \sum\limits_{i=1}^{m} y_i^2 & \sum\limits_{i=1}^{m} y_i \\ \sum\limits_{i=1}^{m} x_i & \sum\limits_{i=1}^{m} y_i & m \end{bmatrix} \begin{bmatrix} \Delta a \\ \Delta b \\ \Delta c \end{bmatrix} = \begin{bmatrix} \sum\limits_{i=1}^{m} x_i \Delta\varphi_i \\ \sum\limits_{i=1}^{m} y_i \Delta\varphi_i \\ \sum\limits_{i=1}^{m} \Delta\varphi_i \end{bmatrix} \tag{5.14}$$

式中，$\Delta\varphi_i = \varphi_2(x_i,y_i) - \varphi_1(x_i,y_i)$，$1 \leqslant i \leqslant m$。通过上式可以求得拼接向量 $\boldsymbol{\tau}$，之后可以使用 $\boldsymbol{\tau}$ 修正 φ_2，即

$$\varphi_2' = \varphi_2 - (\Delta a x + \Delta b y + \Delta c) \tag{5.15}$$

得到的 φ_2' 即修正了平移和倾斜参量的 E_{SFE2} 的相位。修正之后的 E_{SFE1} 和 E_{SFE2} 具有相同的平移和倾斜参量，之后可以提取 E_{SFE2} 的拼接区域 ω' 进行拼接操作。

求解拼接向量 $\boldsymbol{\tau}$ 的过程中，有一重要的问题为用于求解的重叠区域数据的选择。对于 E_{SFE1} 和 E_{SFE2}，需要选择一个数据量充足的重叠区域用来求解 $\boldsymbol{\tau}$，定义该重叠区域为 O，$O \in \omega'$，且 $O \cap \omega = \text{null}$，即 O 不属于求解错误区域，但同时在拼接区域内。更多的拼接数据会求得更精确的 $\boldsymbol{\tau}$，但如果选择的区域过大，可能会造成与相邻的求解错误区域重叠，同样会造成求解误差。所以宜选择每一个拼接区域 ω' 的边缘数据，该数据不属于求解错误区域 ω，保证了数据的正确性，一般来说其数据量也足够精确求解。

总结上述拼接算法的流程如算法 2 所示。

(1) 生成与干涉图同样分辨率 $m \times n$ 的掩模矩阵，用来标记拼接区域 ω'。如

果 $\mathrm{Mask}(i,j)\in\omega'$,则 $\mathrm{Mask}(i,j)=1$;否则,$\mathrm{Mask}(i,j)=0,1\leqslant i\leqslant m,1\leqslant j\leqslant n$;

(2) 定义一维向量 $\boldsymbol{X}$ 和 $\boldsymbol{Y}$,用来记录拼接区域 ω' 的 x 和 y 坐标;定义一维向量 $\boldsymbol{\varphi}_1$ 和 $\boldsymbol{\varphi}_2$ 用于记录 E_{SFE1} 和 E_{SFE2} 拼接区域 ω' 的边缘数据 z 坐标;

(3) 利用掩模矩阵检测 ω' 的边缘数据,x、y 坐标分别用一维向量 $\boldsymbol{X}$、$\boldsymbol{Y}$ 记录;E_{SFE1} 和 E_{SFE2} 的 z 坐标分别用一维向量 $\boldsymbol{\varphi}_1$ 和 $\boldsymbol{\varphi}_2$ 记录,计算 $\Delta\varphi$;

(4) 根据式(5.11)计算拼接向量 $\boldsymbol{\tau}$;

(5) 根据式(5.15)和计算得到的 $\boldsymbol{\tau}$ 调整 E_{SFE2} 的平移倾斜参量;

(6) 利用 E_{SFE2} 的拼接区域 ω' 替换 E_{SFE1} 的相应区域,得到最终的面形误差。

5.2.3　仿真分析

为验证算法的可行性,本节进行自由曲面的测量仿真实验。仿真所用的干涉仪结构与图 5.2 的完全相同。仿真中的虚拟干涉仪和实际干涉仪均通过软件建模生成,唯一不同的是实际干涉仪的被测镜附加了面形误差,而虚拟干涉仪中的被测镜不含面形误差。

针对自由曲面测量,分别对旋转对称剩余波前、非旋转对称剩余波前和复杂剩余波前三种情况下的面形误差求解过程进行仿真。仿真过程中补偿镜保持不变,改变被测镜的面形,从而得到不同的剩余波前。仿真实验同样侧面印证了 TCSM 在实际应用中能实现一对多测量的通用性。

1. 旋转对称剩余波前仿真

通过 TCSM 算法求解旋转对称波前下面形误差的求解过程如图 5.5 所示。

通过给被测镜加入第四项泽尼克多项式,生成了旋转对称剩余波前,如图 5.5(a)所示,剩余波前的 PV 值为 84.4λ,该剩余波前的最大波前斜率已经接近了奈奎斯特采样频率。这里展示剩余波前而非干涉图,是因为实际干涉图条纹过于密集肉眼无法分辨,实际测量中使用干涉图进行计算。5.2.3 节所有仿真实验中,附加的面形误差真值分布均与图 5.3(b)相同,PV 值为 1.04λ。

实验中附加的载波 $f_{\mathrm{R1}}=0\ \lambda/\mathrm{pixel}$,$f_{\mathrm{R2}}=120/1024\ \lambda/\mathrm{pixel}$。图 5.5(b)为根据式(5.8)计算的拼接区域 ω',因为剩余波前关于原点旋转对称且附加载波 $f_{\mathrm{R1}}=0\lambda/\mathrm{pixel}$,故计算的 ω' 也是旋转对称的。图 5.5(c)和(e)是加入不同载波后求得的面形误差,求解错误区域使用红色虚线框标出。虽然面形误差的 PV 值和分布与真值接近,但点对点误差却相差很大,如图 5.5(d)和(f)所示。因为求解错误区域的存在,求解的点对点误差 PV 值分别为 0.57λ 和 0.49λ。与之相比,通过 TCSM 算法拼接之后,求得的面形误差如图 5.5(g)所示,可以看到求解错误区域已经被替换。求解的结果与真值的点对点误差如图 5.5(h)所示,误差的 PV 值为 $5.3\times10^{-3}\lambda$,相比没有经过 TCSM 的面形误差,该结果提升了 100 倍。而且,通过图 5.5(h)可以看

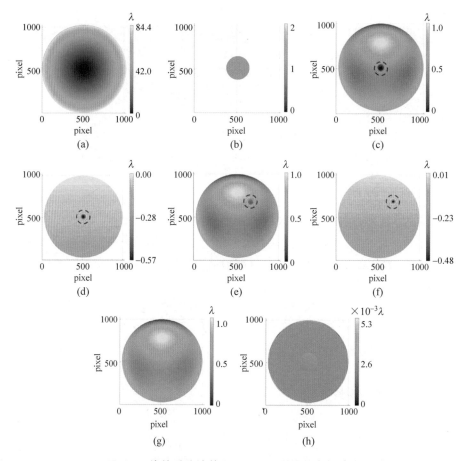

图 5.5　旋转对称波前下 TCSM 面形误差求解过程

（a）剩余波前相位图；（b）拼接区域 ω'；（c）加入载波 f_{R1} 后求解的面形误差 E_{SFE1}；（d）求得的 E_{SFE1} 与面形误差真值的点对点误差；（e）加入载波 f_{R2} 后求解的面形误差 E_{SFE2}；（f）求得的 E_{SFE2} 与面形误差真值的点对点误差；（g）TCSM 拼接后的面形误差；（h）拼接后面形误差与面形误差真值的点对点误差

到,拼接区域并不是影响误差 PV 的主要因素,误差的 PV 主要由整个面形误差的边缘数据引起,这是由低通滤波器的截断效应造成。仿真证明 TSCM 在剩余波前旋转对称的测量中,拼接区域较为简单,最终的仿真结果精度可以达到 $10^{-3}\lambda$（PV）量级。

2. 非旋转对称剩余波前仿真

在实际复杂自由曲面测量中,因为被测镜的面形多样性,剩余波前更可能是非旋转对称的。通过 TCSM 算法求解存在非旋转对称剩余波前时面形误差的求解过程如图 5.6 所示。

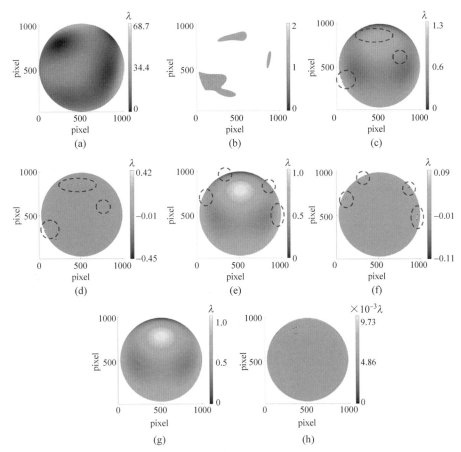

图 5.6　非旋转对称剩余波前下 TCSM 面形误差求解过程

（a）剩余波前相位图；（b）拼接区域 ω'；（c）加入载波 f_{R1} 后求解的面形误差 E_{SFE1}；（d）求得的 E_{SFE1} 与面形误差真值的点对点误差；（e）加入载波 f_{R2} 后求解的面形误差 E_{SFE2}；（f）求得的 E_{SFE2} 与面形误差真值的点对点误差；（g）TCSM 拼接后的面形误差；（h）拼接后面形误差与面形误差真值的点对点误差

其中生成的剩余波前为非旋转对称波前，如图 5.6(a) 所示，剩余波前的 PV 值为 68.7λ。拼接区域 ω' 如图 5.6(b) 所示，因为剩余波前为非旋转对称波前，故 ω' 较 5.2.3 节 1. 更为复杂，分为三个子区域。图 5.6(c) 和 (e) 是加入不同载波后求得的面形误差，求解错误区域同样用红色虚线框标出。求解的面形误差与真值的点对点误差如图 5.6(d) 和 (f) 所示。点对点误差 PV 值分别为 0.87λ 和 0.21λ，图中对点对点误差 PV 值影响较大的求解错误区域同样用红色虚线框标记。通过 TCSM 算法拼接之后，求得的面形误差如图 5.6(g) 所示，求解的结果与真值的点对点误差如图 (h) 所示。点对点误差的 PV 值为 9.73$\times 10^{-3}\lambda$，相比图 5.5(h) 被测面旋转对称时的点对点误差,该结果精度有所下降。但观察图 5.6(h)可以看到,拼接区域依然不是影响点对点误差 PV 值的主要因素,PV 值主要受边缘数据影响。主要因为剩余波前非旋转对称的频谱分布更复杂,在低通滤波时会引起更严重的截断效应。即使在这种情况下,TSCM 将点对点误差的 0.87λ 降为低于 $10^{-3}\lambda$ 量级,说明了 TCSM 在剩余波前非旋转对称的情况下依旧具有有效性。

3. 复杂剩余波前下的面形误差求解

为被测镜加入高频面形分量,被测镜面形转变为高频复杂面形,生成的剩余波前如图 5.7(a)所示,剩余波前的 PV 值为 48.6λ。实际使用的光滑光学表面一般

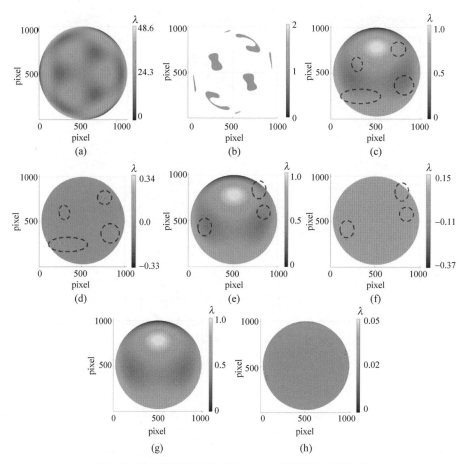

图 5.7　复杂高频剩余波前下 TCSM 面形误差求解过程

(a)剩余波前相位图;(b)拼接区域 ω';(c)加入载波 f_{R1} 后求解的面形误差 E_{SFE1};(d)求得的 E_{SFE1} 与面形误差真值的点对点误差;(e)加入载波 f_{R2} 后求解的面形误差 E_{SFE2};(f)求得的 E_{SFE2} 与面形误差真值的点对点误差;(g)TCSM 拼接后的面形误差;(h)拼接后面形误差与面形误差真值的点对点误差

不会具有如此复杂的面形,剩余波前也不会如此复杂,这里作为一个极端例子来验证 TCSM 的适用性。

拼接区域 ω' 如图 5.7(b)所示,ω' 由 8 个子区域组成,较非旋转对称的情况更为复杂。图 5.7(c)和(e)是加入不同载波后求得的面形误差,求解错误区域用红色虚线框标出。虽然分布与真值接近,但与真值的点对点误差很大,如图 5.7(d)和(f)所示,PV 值分别为 0.67λ 和 0.52λ。通过 TCSM 算法拼接之后,求得的面形误差如图 5.7(g)所示,求解的结果与真值的点对点误差如图 5.7(h)所示,点对点误差的 PV 值为 0.05λ。相比于 5.2.3 节 1. 和 2. 的仿真结果,该结果的精度有所下降,因为被测镜的复杂面形,生成的剩余波前频谱分布相较非旋转对称的情况更为复杂,导致滤波过程中的频谱截断效应更明显,所以使求解精度下降。但在这样极端的情况下,TCSM 使得点对点求解误差从 0.67λ 下降到了 0.05λ,足以说明 TCSM 的有效性和适用性。

5.2.4　实测验证

5.2.3 节进行了 TCSM 算法的仿真实验,为进一步验证其有效性与通用性,本节进行自由曲面的实际测量实验。测量中使用 Zygo 干涉仪主机作为测量仪器,口径为 4 英寸、F 数为 3.3 的球面镜头作为补偿器,未加入其他额外补偿元件,分别对离焦凹面、在轴抛物面以及离轴抛物面三个被测镜进行测量。

1. 离焦球面镜测量结果

大离焦情况下凹球面镜的实际测量光路如图 5.8 所示。

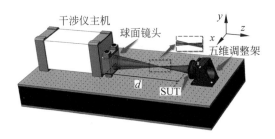

图 5.8　离焦球面镜测量实验装置示意图

被测镜通光口径为 50.8 mm,曲率半径为 155.04 mm。实验中,离焦量为 1.43 mm,此时 $d = 335.28\ \text{mm} + 155.04\ \text{mm} + 1.43\ \text{mm} = 491.75\ \text{mm}$,会产生如图 5.8 中虚线框内所示入射和返回光路的严重不重合。

在该离焦量下,产生的虚拟干涉图的波前 PV 值为 74.6λ,该波前为旋转对称波前。求解面形误差过程如图 5.9 所示。根据 TCSM 算法要求,首先采集两幅不同载波的干涉图,如图 5.9(a)和(b)所示。以图 5.9(a)作为初始干涉图,求得的拼

接区域 ω' 如图 5.9(c)所示。根据两幅实际干涉图求得的面形误差如图 5.9(d)和
(e)所示,PV 值分别为 0.62λ 与 0.38λ。在图中可以很明显地观察到求解错误区
域。之后对两个求解结果 E_{SFE1} 与 E_{SFE2} 进行拼接,得到的面形误差如图 5.9(f)
所示,面形误差的 PV 值下降至 0.23λ。图 5.9(d)中的求解错误区域被替换,且在
拼接结果中没有明显的错误区域遗留以及拼接痕迹,说明 TCSM 算法的有效性。

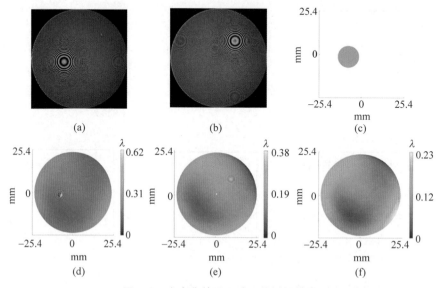

图 5.9　大离焦情况下球面镜测量结果

(a) 加载波 1 后采集实际干涉图 1;(b) 加载波 2 后采集实际干涉图 2;(c) 预求解拼接区域 ω';(d) 实际
干涉图 1 求解的面形误差 E_{SFE1};(e) 实际干涉图 2 求解的面形误差 E_{SFE2};(f) E_{SFE1} 与 E_{SFE2} 拼接后的
面形误差

为验证测量结果的准确性,使用 UA3P 三坐标测量机的测量结果作为对比。
由于 UA3P 无法测量该被测镜的边缘,将 UA3P 与该测量结果同时取 90%口径,
即 46 mm 通光口径,得到的对比结果如图 5.10 所示。

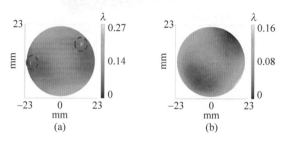

图 5.10　UA3P 测量结果(a)和 TSCM 测量结果(b)

两测量结果的面形误差分布相近,图 5.10(a)中 UA3P 测量结果的 PV 值为 0.27λ,RMS 值为 0.0351λ。图 5.10(b) TCSM 测量结果的 PV 值为 0.16λ,RMS 值为 0.0358λ。UA3P 测量结果的 PV 值明显偏大,其误差来源主要有三点。第一,UA3P 结果容易受坏点的影响,如图中红色虚线框中区域所示。这些异常点对结果的 PV 值有很大的影响。第二,UA3P 结果为插值后的结果,插值操作本身会引入一定误差,如图 5.10(a)中的横向波纹。第三,干涉测量和三坐标机测量结果之间存在一定绕垂直于纸面轴的夹角,这主要是由两个原因造成:一是测量时两者放置位置存在一定夹角,二是因为大的剩余波前在传播过程中会引入一定的传播畸变。综合图 5.9 与图 5.10 的测量结果,证明 TCSM 算法可以有效消除由于频谱混叠引入的面形误差求解错误,并且最终拼接后的测量结果与 UA3P 测量结果相近,说明 TCSM 算法的有效性。

2. 抛物面和离轴抛物面测量结果

抛物面和离轴抛物面的实际测量光路图如图 5.11 所示。因为干涉仪主机镜头与被测镜 SUT 的距离 d 较远(1104.4 mm),采用分离平台放置。其中干涉仪主机放置于光学平台 1 上,被测镜和相应的夹具放置在光学平台 2 上,两个平台之间没有进行隔振处理,故在实验中会存在明显的环境振动。

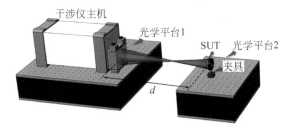

图 5.11　抛物面和离轴抛物面实际测量光路图

使用抛物面的参数为:通光口径为 76.2 mm,顶点曲率半径为 −889 mm。该测量系统下,产生的剩余波前 PV 值为 68.8λ。测量结果如图 5.12 所示。

采集两幅不同载波的干涉图,如图 5.12(a)和(b)所示,图中的缺口是因为夹具造成了部分遮挡。以图 5.12(a)作为初始干涉图,求得的拼接区域 ω' 如图 5.12(c)所示。两幅实际干涉图求得的面形误差如图 5.12(d)与(e)所示,PV 值分别为 0.61λ 与 0.99λ。与球面镜测量结果相比,该求解错误区域更明显,主要因为剩余波前的非旋转对称性导致。之后对两个求解结果 E_{SFE1} 与 E_{SFE2} 进行拼接,得到的面形误差如图 5.12(f)所示。面形误差的 PV 值下降至 0.18λ。

使用 UA3P 进行对比测量实验,取 90% 测量口径,对比结果如图 5.13 所示。图 5.13(a)为 UA3P 的测量结果,PV 值为 0.31λ,RMS 值为 0.0367λ。可以看到

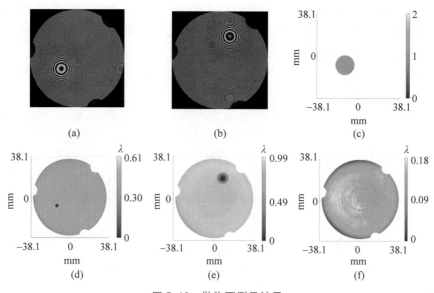

图 5.12　抛物面测量结果

(a) 加载波 1 后采集实际干涉图 1；(b) 加载波 2 后采集实际干涉图 2；(c) 预求解拼接区域 ω'；(d) 实际干涉图 1 求解的面形误差 E_{SFE1}；(e) 实际干涉图 2 求解的面形误差 E_{SFE2}；(f) E_{SFE1} 与 E_{SFE2} 拼接后的面形误差

面形误差分布很平缓,几乎没有明显的低频起伏,但高频误差很多,可能是环境振动造成的测量误差,也有可能是被测镜本身加工造成的。图 5.13(b) TCSM 测量结果的 PV 值为 0.13λ,RMS 值为 0.0188λ。面形误差分布也较为平缓,边缘区域迅速下降,主要是由夹具的应力造成的。与图 5.13(a) 中的结果相比,TCSM 中的高频量被滤波过程去除,而该被测镜的低频面形误差又很小,所以直观观察分布相差较大,但整体趋势保持一致。

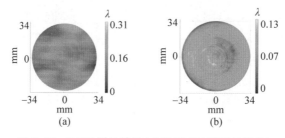

图 5.13　UA3P 测量结果(a)和 TSCM 测量结果(b)

使用同样的装置进行离轴抛物面的测量,使用的被测镜顶点曲率半径为 1727.2 mm,离轴量为 10 mm,测量的通光口径为 82 mm。测量装置中干涉仪镜头和被测镜之间的距离 d 为 1937.3 mm，产生的剩余波前 PV 值为 35.7λ。测量过程如图 5.14 所示。采集两幅不同载波的干涉图，如图 5.14(a) 和(b)所示。以图 5.14(a)作为初始干涉图，图(c)为求得的拼接区域 ω'。两幅实际干涉图求得的面形误差如图(d)与(e)所示，PV 值分别为 0.50λ 与 0.34λ。对两个求解结果 E_{SFE1} 与 E_{SFE2} 进行拼接，得到的面形误差如图 5.14(f)所示。面形误差的 PV 值下降至 0.18λ，RMS 值为 0.0342λ。

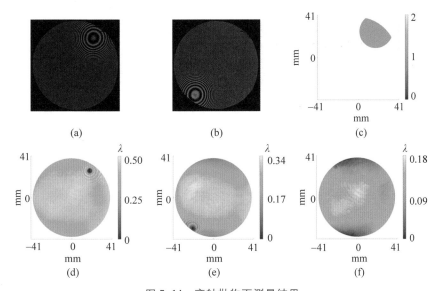

图 5.14 离轴抛物面测量结果

(a) 加载波 1 后采集实际干涉图 1；(b) 加载波 2 后采集实际干涉图 2；(c) 预求解拼接区域 ω'；(d) 实际干涉图 1 求解的面形误差 E_{SFE1}；(e) 实际干涉图 2 求解的面形误差 E_{SFE2}；(f) E_{SFE1} 与 E_{SFE2} 拼接后的面形误差

使用 UA3P 进行对比测量实验，取 90% 测量口径，测得面形误差真值如图 5.15 所示。PV 值为 0.17λ，RMS 值为 0.0340λ。

对比 UA3P 的测量结果和 TCSM 的测量结果，PV、RMS 以及两者分布基本一致，但与前文实验的结果进行对比，图 5.14(f)中的拼接痕迹更为明显。主要原因有两点：第一，此次的拼接区域位于干涉图边缘部分，导致用于计算拼接向量的点数

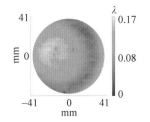

图 5.15 UA3P 测量离轴抛物面面形误差结果

减少，使得计算结果精度下降；第二，在拼接向量计算过程中，由于拼接区域面积相差较大，均采用去离焦操作，可能会引入额外误差，因此未将离焦量作为拼接向量的元素。但实验中所使用调整台的 6 个自由度未完全分离，调整载波时会加入

少量的离焦,导致两次求解的面形误差存在少许的离焦误差,从而使拼接痕迹更加明显。

3. 重复性测量实验

进行重复性测量实验,用于验证 TCSM 算法的稳定性。进行如本节第 1 部分的离焦凹面镜测量实验,间隔 5 s 采集一幅干涉图,总计采集 13 幅加载波 1 干涉图和 13 幅加载波 2 干涉图。使用 TCSM 算法分别进行 13 组面形误差的求解,得到的结果见表 5.1。

表 5.1 TCSM 重复性实验测量数据

实验	PV/λ	RMS/λ	减均值后的 PV/λ	减均值后的 RMS/λ
1	0.1582	0.0366	0.0289	0.0033
2	0.1561	0.0375	0.0578	0.0061
3	0.1589	0.0374	0.0580	0.0070
4	0.1483	0.0376	0.0474	0.0079
5	0.1476	0.0375	0.0366	0.0057
6	0.1518	0.0364	0.0209	0.0026
7	0.1541	0.0370	0.0196	0.0022
8	0.1544	0.0365	0.0225	0.0026
9	0.1534	0.0371	0.0185	0.0019
10	0.1542	0.0372	0.0207	0.0023
11	0.1473	0.0352	0.0296	0.0043
12	0.1544	0.0368	0.0364	0.0057
13	0.1544	0.0366	0.0363	0.0055
平均值	0.1533	0.0369	0.0333	0.0044

表 5.1 中第 2 列和第 3 列分别表示 TCSM 求得的面形误差 PV 值和 RMS 值。第 4 列和第 5 列分别表示每个 TCSM 求得的面形误差点对点减去 13 次测量结果平均值后,误差分布的 PV 值和 RMS 值。表格中的单位均以波长表示。从表 5.1 中可以看到,在没有隔绝空气湍流的情况下,TCSM 算法的 PV 重复性测量精度接近 1/30λ,RMS 重复性测量精度接近 1/200λ。多次测量结果取平均值可以尽可能减小空气湍流的影响。以上重复性实验证明了 TCSM 算法的有效性和稳定性。

5.2.5 TCSM 算法应用讨论

5.2.3 节的仿真实验及 5.2.4 节的实测实验验证了 TSCM 算法的有效性,但 TCSM 算法在实际应用中仍有以下两个问题值得注意。

第一,CCD 探测器的带宽限制依旧是整个测量系统动态范围的极限。在使用结合 DMP 的 TCSM 算法进行面形误差求解时,需要加入两个不同频率的载波,因此剩余波前加载波后的波前斜率不能超过 CCD 的带宽限制。所以对于同样的 CCD,在剩余波前和加入载波的频率之间需要取得平衡。在大多数情况下,对于确定的剩余波前,可以通过加入两个尽可能大且方向相反的载波进行测量。只要保证最终的干涉图空间频率没有超过 CCD 的带宽限制,TCSM 便能精确求得面形误差。对于光滑连续表面的光学件来说,允许被测镜存在几十个波长的非球面度[7],因此可以做到一个补偿镜对应不同被测件的通用性检测。

第二,若实际采得的干涉图波前比图 5.7(a)中的剩余波前更加复杂,则两步拼接算法可能不能完全消除求解错误区域。这时在有限的载波下,两步载波下预求解的拼接区域 ω' 可能会存在重叠,故拼接后仍然存在求解错误区域。这种情况下需要准确计算每个子区域的间隔,再加入合适的载波进行求解,并且可能需要使用更多的加载波干涉图来完成拼接。这极大地增加了算法的运算量和复杂性。不过对于常用的光学自由曲面来讲,这样的情况很少出现。因此在光学自由曲面测量中,TCSM 算法具有较强的通用性。

5.3　数字莫尔-牛顿迭代优化干涉测量

考虑到两步载波拼接法仍需两幅不同载波的干涉图才能完成测量,本节提出一种单帧高陡度干涉图的解相方法[8],结合数字莫尔移相和牛顿迭代运算,利用数字莫尔移相法的初步解相结果构建新的虚拟干涉图,与实际干涉图莫尔合成后作为目标构建迭代方程,并求解两者的面形误差。该方法在高陡度相位下求解的面形误差为数字莫尔移相方法的频谱混叠噪声,经过频谱混叠噪声去除,获得精度较高的结果,扩展了可测带宽。同时作为一种单幅干涉图解相方法,降低了对图像采集数量的需求,有利于实现在线测量。

在此基础上,本节通过仿真实验对比了傅里叶方法、极坐标方法和数字莫尔-牛顿迭代方法等三种单幅干涉图解相方法在不同陡度相位条件下的解相精度。仿真中添加了不同类型、不同大小的图像噪声,验证了图像噪声对不同解相方法的影响。实际实验中,采集了高陡度相位下的干涉图,检验了数字莫尔-牛顿迭代方法减少频谱混叠噪声的有效性,验证了上述结论。

5.3.1　数字莫尔-牛顿迭代解相原理

数字莫尔-牛顿迭代解相方法是在数字莫尔移相解相方法的基础上改进得到,下面将先介绍数字莫尔移相解相方法,随后介绍数字莫尔-牛顿迭代解相原理。

1. 数字莫尔移相解相方法

定义去掉背景光强的实际干涉图 $i_R(x,y)$ 和虚拟干涉图 $i_V(x,y)$ 的分布为

$$\begin{cases} i_R(x,y) = b_R(x,y)\cos[\varphi_R(x,y) + 2\pi fx] \\ i_V(x,y) = b_V(x,y)\cos[\varphi_V(x,y) + 2\pi fx + \delta_k] \end{cases} \quad (5.16)$$

式中,$b(x,y)$ 为调制度,$\varphi(x,y)$ 为待测相位,f 为 x 方向添加的空间载波,δ_k 为附加的移相相位值,$\delta_{k=1,2,3,4} = 0, \pi/2, \pi, 3\pi/2$。取实际干涉图与虚拟干涉图的哈达玛积进行莫尔合成,得到

$$i_M(x,y) = i_R(x,y)i_V(x,y) = b_R(x,y)b_V(x,y)\cos[\varphi_R(x,y) - \varphi_V(x,y) + \delta_k] +$$
$$b_R(x,y)b_V(x,y)\cos[\varphi_R(x,y) + \varphi_V(x,y) + 4\pi fx - \delta_k] \quad (5.17)$$

式中,$b_R(x,y)b_V(x,y)\cos[\varphi_R(x,y) - \varphi_V(x,y) + \delta_k]$ 为低频莫尔条纹的分布,通过低通滤波,滤除 $b_R(x,y)b_V(x,y)\cos[\varphi_R(x,y) + \varphi_V(x,y) + 4\pi fx - \delta_k]$ 部分,只保留低频莫尔条纹部分

$$i_{Lk}(x,y) = b_R(x,y)b_V(x,y)\cos[\varphi_R(x,y) - \varphi_V(x,y) + \delta_k] \quad (5.18)$$

设 $\Delta(x,y) = \varphi_R(x,y) - \varphi_V(x,y)$ 为实际干涉相位与虚拟干涉相位的相位差(实虚相位差),即低频莫尔条纹对应的相位差。使用四步移相解相方法可以求得 $\Delta(x,y)$ 的分布

$$\Delta(x,y) = \arctan \frac{i_{L4}(x,y) - i_{L2}(x,y)}{i_{L1}(x,y) - i_{L3}(x,y)} \quad (5.19)$$

式中,$i_{L1,2,3,4}$ 为附加相位 $\delta_{k=1,2,3,4} = 0, \pi/2, \pi, 3\pi/2$ 时的低频莫尔条纹分布。$\varphi_V(x,y)$ 在计算机中已知,进而可以得到实际的干涉图相位信息 $\varphi_R(x,y)$。

2. 数字莫尔-牛顿迭代(DMN)解相方法

频谱出现混叠时,利用数字莫尔移相方法求得的含有混叠噪声的相位分布满足

$$\varphi'_R(x,y) = \varphi_V(x,y) + \Lambda(x,y) \quad (5.20)$$

式中,$\Lambda(x,y) = \varphi'_R(x,y) - \varphi_R(x,y)$ 是混叠噪声,$\varphi'_R(x,y)$ 是带混叠噪声误差的实际干涉图相位。利用 $\varphi'_R(x,y)$ 构建数字莫尔移相的新虚拟干涉图

$$i'_V(x,y) = \cos[\varphi'_R(x,y) + 2\pi fx] \quad (5.21)$$

去除背景光强并将调制量归一化后的实际干涉图记为

$$i_R(x,y) = \cos[\varphi_R(x,y) + 2\pi fx] \quad (5.22)$$

省略空间坐标 (x,y),将式(5.21)、式(5.22)相乘,使 $\Lambda = \varphi_R - \varphi'_R$ 并运用积化和差公式得到式(5.23)。新的实际莫尔合成图光强分布为

$$G = i'_V \cdot i_R = 1/2[\cos\Lambda \cdot \cos(2\varphi'_R + 4\pi f) - \sin\Lambda \cdot \sin(2\varphi'_R + 4\pi f) + \cos\Lambda]$$
$$(5.23)$$

对于每个空间坐标点 (x,y),以 $\Lambda(x,y)$ 为优化变量,基于式(5.23)构建牛顿迭代方程,第 k 次迭代过程如式(5.24)所示。其中优化目标函数 g 为构造的莫尔合成图与实际莫尔合成图在 (x,y) 点光强的差值,通过牛顿迭代寻找 g 的无约束

极小值。Λ 的初值取 0，多次迭代后 ε 收敛至允许范围内即可。

$$
\begin{cases}
g = 1/2[\cos(\Lambda_k)\cdot\cos(2\varphi'_R+4\pi f)-\sin(\Lambda_k)\cdot\sin(2\varphi'_R+4\pi f)+\cos(\Lambda_k)]-G \\
g' = -1/2[\sin(\Lambda_k)\cdot\cos(2\varphi'_R+4\pi f)+\cos(\Lambda_k)\cdot\sin(2\varphi'_R+4\pi f)+\sin(\Lambda_k)] \\
\Lambda_{k+1} = \Lambda_k - g/g' \\
\varepsilon = |\Lambda_{k+1}-\Lambda_k|
\end{cases}
\tag{5.24}
$$

利用上述方法求解得到的混叠噪声可能由于三角函数的周期性多解导致不连续的问题，因此需要进一步的连续性操作使其平滑。考虑到混叠噪声相位的峰谷值（PV）远低于 π 且连续分布，因此可以利用混叠噪声起伏较小且二阶导数的数值解小于一定阈值来进行多次迭代完成平滑操作。具体来说，对某点 (x,y) 解得的 Λ 求取 x 方向的数值二阶导数，当其大于一定阈值时，在该点的邻域选取 Λ 值最小且绝对值小于 π 的点作为新的初值重新进行迭代优化；如果邻域不存在满足要求的点，则以 0 为初值重新进行迭代优化。在 y 方向上同样完成二阶导数判断和迭代。多次平滑操作达到连续即可。

求得 Λ 的分布后，利用 $\varphi_R=\varphi'_R+\Lambda$ 即可求解得到去除混叠噪声后的相位。

5.3.2　仿真分析与比较

1. 仿真方法

为了验证数字莫尔-牛顿迭代解相方法的有效性，本节设计了一套仿真实验，并将求解结果与数字莫尔移相方法和两种经典的单幅干涉图解相方法——傅里叶方法（FTM）和极坐标（PTM）方法作对比。

首先构建单幅干涉图。设置干涉相位为

$$
p(x,y)=c[(x-N/2)^2+(y-N/2)^2]/(N/2)^2
\tag{5.25}
$$

式中，N 为控制干涉图分辨率，本节均设置为 1024 pixel×1024 pixel，可变系数 c 控制干涉相位大小，对应的最大相位梯度 $\eta=[\sqrt{(\partial p(x,y)/\partial x)^2+(\partial p(x,y)/\partial y)^2}]_{max}$。设置干涉图直流项和调制度分别为如下高斯分布：

$$
\begin{cases}
a(x,y)=127\exp\left[-0.9\dfrac{(x-N/2)^2+(y-N/2)^2}{(N/2)^2}\right] \\
b(x,y)=127\exp\left[-0.9\dfrac{(x-N/2)^2+(y-N/2)^2}{(N/2)^2}\right]
\end{cases}
\tag{5.26}
$$

构建实际干涉图光强分布为式（5.27）所示

$$
i(x,y)=a(x,y)+b(x,y)\cos[p(x,y)+2\pi fx]
\tag{5.27}
$$

此时待测相位为 $p_R(x,y)=p(x,y)$。在干涉图中添加均值为 0、方差为 VA 的噪声,仿真不同采集质量的干涉图。

对于数字莫尔方法和牛顿迭代算法,额外构建理想相位 $p_V(x,y)$ 和实虚相位差 $\Delta(x,y)$ 如式(5.28)所示

$$
\begin{cases}
\Delta(x,y) = 0.15\left[\left(3\sqrt{X^2+Y^2}\,\right)-2\right] \cdot Y + 0.2\left[\left(3\sqrt{X^2+Y^2}\,\right)-2\right] \cdot X \\
X = \dfrac{x-N/2}{N/2}, \quad Y = \dfrac{y-N/2}{N/2} \\
p_V(x,y) = p_R(x,y) - \Delta(x,y)
\end{cases} \tag{5.28}
$$

使用 $p_V(x,y)$ 和式(5.26)所示直流项和调制度构建虚拟干涉图,分布如式(5.29)所示

$$
i_V(x,y) = a(x,y) + b(x,y)\cos[p_V(x,y) + 2\pi f x] \tag{5.29}
$$

定义待测相位的点对点求解误差为 $p_{err}(x,y) = p_R(x,y) - p_{res}(x,y)$。其中 $p_{res}(x,y)$ 为解得的干涉相位。通过 p_{err} 的误差均方根 ERMS 和误差峰谷值 EPV 这两个参数来评价解相精度,其中 ERMS 和 EPV 的定义如式(5.30)所示

$$
\text{ERMS} = \sqrt{\sum_{x=1}^{N}\sum_{y=1}^{N} p_{err}^2(x,y)/N^2}, \quad \text{EPV} = \max(p_{err}) - \min(p_{err}) \tag{5.30}
$$

2. 仿真结果与对比

(1) DMN 方法与 DMP 方法对比

在仿真的实际干涉图 i_R 中添加方差 VA 为 3、均值为 0 的高斯分布的随机噪声,在最大相位梯度为 $0.5\ \pi\text{rad/pixel}$ 且添加载波不足时的干涉图如图 5.16(a)所示。此时数字莫尔移相解相方法求解的实虚相位差 Δ 如图 5.16(b)所示,可以看到白框中含有一定的波纹起伏,这就是由于频谱混叠带来的混叠噪声,与添加的实虚相位差真值相比 DMP 方法的求解误差如图 5.17(a)所示。

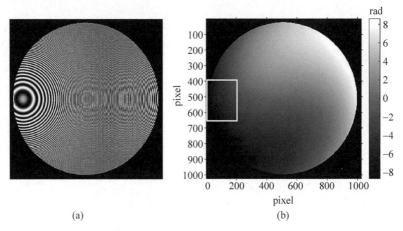

(a)　　　　　　　　　　　(b)

图 5.16　加载波的实际干涉图(a)和 DMP 方法求解的实虚相位差(b)

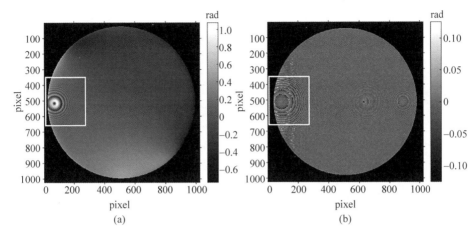

图 5.17　DMP 方法的求解误差(a)和 DMN 方法的求解误差(b)

而数字莫尔-牛顿迭代解相方法的求解误差如图 5.17(b)所示,可以看到相对于数字莫尔移相解相方法,白框位置处的波纹起伏的幅值明显下降,显著降低了混叠噪声对求解精度的影响。定量来说,如图 5.17(a)所示的 DMP 方法的误差均方根 ERMS 为 0.156 rad,误差峰谷值 EPV 为 1.731 rad;如图 5.17(b)所示的 DMN 方法的 ERMS 为 0.0088 rad,EPV 为 0.256 rad,这两个评价参数也说明了数字莫尔-牛顿迭代解相方法可以得到相对精确的解相结果。

(2) 不同陡度相位下不同解相方法解相对比

利用式(5.25)中的系数 c 改变相位 p_R 大小,构建一系列不同陡度相位分布,并生成实际干涉图。以相位梯度表征其陡度大小,则无载波下最大相位梯度 η 分别为 0.1 πrad/pixel、0.2 πrad/pixel、0.3 πrad/pixel、0.4 πrad/pixel、0.5 πrad/pixel 和 0.6 πrad/pixel。在实际干涉图 i_R 中添加方差 VA＝3 的高斯噪声,针对不同方法添加合适载波,数字莫尔-牛顿迭代方法和数字莫尔移相方法[9-12]、傅里叶方法[13-14]、极坐标方法[15-16]的求解误差指标随相位梯度变化的结果如图 5.18 所示。

可以看到傅里叶方法随着相位梯度的增大求解精度下降迅速,在最大相位梯度 $\eta \geqslant 0.4\pi$ 时就已经无法解出合理的面形,因此没有标出相应结果数据点;极坐标方法相较于傅里叶方法精度相对有所提高,但依然在大相位梯度下精度较差。

数字莫尔移相方法的精度相较于两种传统方法有较大提高,但在大相位梯度下求解精度受到混叠噪声的影响仍有所降低。由于相位的最大梯度与干涉条纹(莫尔条纹)的最大频率成正比,考察相位梯度即可知道频谱是否混叠。在虚拟相位最大梯度 $\eta=0.3$ πrad/pixel 时,添加载波的相位梯度为 0.3 πrad/pixel,而实虚相位差的最大梯度为 0.0484 πrad/pixel,此时虚拟相位的最大梯度与实虚相位差最大梯度之和 0.3484 πrad/pixel 大于载波梯度 0.3 πrad/pixel,发生了频谱的混

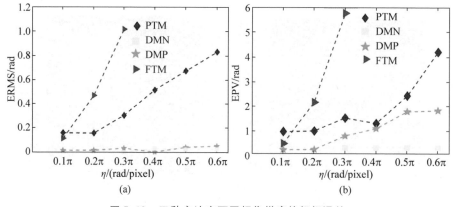

图 5.18 四种方法在不同相位梯度的解相误差

(a) 误差均方根；(b) 误差峰谷值

叠,求解误差峰谷值明显上升。同理,当虚拟相位最大梯度大于 0.3 πrad/pixel 时,DMP 方法均会因为频谱混叠导致求解精度下降。而数字莫尔-牛顿迭代方法在相位梯度较小时优势并不明显,但在相位梯度较大时相较其他方法解相精度有明显提高。

(3) 不同图像噪声下不同解相方法解相对比

在图像采集过程中,往往出现图像噪声类型为高斯、泊松和椒盐噪声,因此添加上述三种类型的噪声到实际干涉图,峰谷值 NPV 分别设置为 0、6、12、18 灰度值,其中椒盐噪声的噪声像素数占图像总像素数的 20%。由图 5.18 可知在相位梯度为 0.3 π/pixel 时,不同解相方法的解相误差区别明显,因此选择在相位梯度为 0.3 π/pixel 时考察不同图像噪声对不同解相方法的求解误差影响,仿真结果的误差均方根 ERMS 如图 5.19 所示。

傅里叶方法和极坐标方法的求解精度几乎不受高斯和瑞利噪声峰谷值变化的影响,但在椒盐噪声下求解精度随噪声峰谷值增加而降低。数字莫尔移相方法和数字莫尔-牛顿迭代方法的求解精度在高斯和泊松噪声下均随着噪声峰谷值增大而略微降低,在椒盐噪声下求解精度下降明显。图像噪声增大时数字莫尔-牛顿迭代方法在迭代求解时需要更加宽松的迭代循环跳出条件,以防止迭代收敛在周期性多解的非理想位置,这直接影响了求解的精度,尤其是椒盐噪声对迭代求解收敛位置的连续性判断有更为严重的影响,因此较大的椒盐噪声对求解精度影响较大。

5.3.3 实测验证

为验证实际使用时数字莫尔-牛顿迭代解相方法的正确性和有效性,本节进行了与 ZYGO 干涉仪测量结果的对比实验。实验装置示意图如图 5.20 所示,L 为干

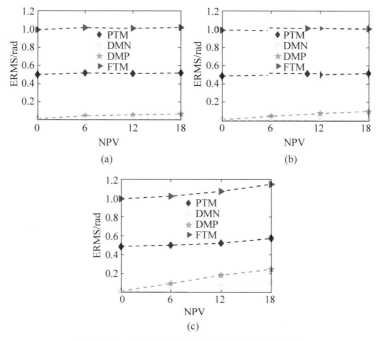

图 5.19　四种方法在不同噪声下的解相误差

（a）高斯；（b）泊松；（c）椒盐

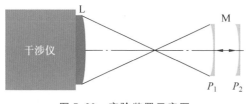

图 5.20　实验装置示意图

涉仪的球面标准镜头，焦距为 335.28 mm，口径为 101.6 mm；M 为被测凹球面反射镜，焦距为 50 mm，口径为 50 mm。P_1 为在焦位置，P_2 为离焦位置。由 L 出射的测量光投射在被测凹球面反射镜 M 上，光线经反射回到干涉仪中，与干涉仪内部参考光产生实际干涉。在 P_1 处条纹最稀疏，在被测镜从 P_1 移动到 P_2 过程中干涉条纹逐渐增密，对应的干涉图相位逐渐增大，取离焦位置 P_2 为测量位置，模拟大梯度相位的测量过程。在 P_2 处利用 ZYGO 干涉仪快速机械移相模式测量干涉条纹的相位，如图 5.21（a）所示，其 PV 值为 267.78 rad，最大相位梯度为 0.6352 rad/pixel，将此数据作为本次实验的真值。保存此刻的单幅干涉条纹作为实际干涉图。

在 ZEMAX 软件中仿照图 5.20 建立凹球面反射镜在离焦 P_2 处的虚拟光路模型,计算机中产生虚拟相位分布与虚拟干涉图,此时虚拟相位与实际相位接近,如图 5.21(b)所示,表明被测面面形误差较小。

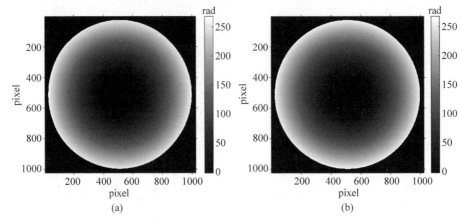

图 5.21   实际波前相位(a)和虚拟波前相位(b)

将实际干涉图与虚拟干涉图数据导入 MATLAB 中,利用 DMP 求解实虚相位差,如图 5.22 所示,像素大小为 1024 pixel×1024 pixel。图 5.22(a)中心处的波纹状起伏为频谱混叠带来的混叠噪声,图 5.22(b)为(a)中白框(171 pixel×151 pixel 区域)选取的频谱混叠噪声波纹起伏较为明显的区域。

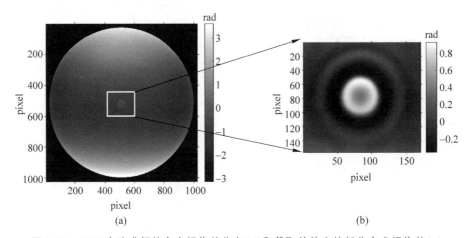

图 5.22   DMP 方法求解的实虚相位差分布(a)和截取并放大的部分实虚相位差(b)

将求解的实虚相位差与虚拟相位合成还原的实际干涉图相位,与干涉仪采集的干涉相位真值相比较,图 5.23(a)为白框区域的 DMP 方法的点对点求解误差。利用图 5.23(a)中的实虚相位差与原本的虚拟相位构建新的虚拟相位和新虚拟干

涉图,使用 DMN 方法完成迭代求解新的面形误差。经过 DMN 方法处理后,中心
区域点对点求解误差分布如图 5.23(b)所示。

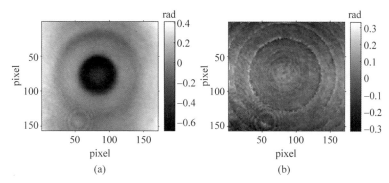

图 5.23　DMP 方法的计算误差分布(a)和 DMN 方法的计算误差分布(b)

图 5.23(a)中的误差均方根 ERMS 为 0.204 rad,误差峰谷值 EPV 为
1.097 rad;图 5.23(b)中的 ERMS 为 0.071 rad。误差峰谷值 EPV 为 0.621 rad。
可以看到经过 DMN 方法,误差的波纹起伏有明显下降。这说明经过莫尔-牛顿迭
代解相方法求解,频谱混叠噪声对精度的影响明显减小,该方法正确有效。DMN
方法这种降低了对图像采集数量的需求的单幅干涉图解相方法有利于在线测量的
实现。

参考文献

［1］　郑为民. 高陡度光学非球面自动成形的研究［D］. 杭州：浙江大学,1998.

［2］　王洪浩,明名,吕天宇,等.高陡度保形光学非球面环形子孔径检测方法［J］.红外与激光工
程,2016(4)：148-154.

［3］　许伟才. 投影光刻物镜的光学设计与像质补偿［D］.长春：中国科学院研究生院(长春光学
精密机械与物理研究所),2011.

［4］　马拉卡拉.光学车间检测［M］.杨力,伍凡,译.北京：机械工业出版社,2012.

［5］　HAO Q,WANG S,HU Y,et al. Two-step carrier-wave stitching method for aspheric and
freeform surface measurement with a standard spherical interferometer［J］. Appl. Opt.,
2018,57(17)：4743-4750.

［6］　SERVIN M,MARROQUIN J L,QUIROGA J A. Regularized quadrature and phase
tracking from a single closed-fringe interferogram［J］. JOSA A,2004,21(3)：411-419.

［7］　沙定国,全书学,朱秋东,等. 光学非球面度的定义及其准确计算［J］. 光子学报,1995,
24(1)：91-95.

［8］　叶明哲,王劭溥,胡摇,等. 大梯度相位单幅干涉图的解相方法［J］. 中国激光,2019,
46(5)：0504002.

［9］ LIU H,ZHU Q,HAO Q,et al. Design of novel part-compensating lens used in aspheric testing［C］. Beijing：Fifth International Symposium on Instrumentation and Control Technology. SPIE,2003,5253：480-484.

［10］ LIU H,HAO Q,ZHU Q,et al. A novel aspheric surface testing method using part-compensating lens［C］. Beijing：Optical Design and Testing Ⅱ. SPIE,2005,5638：324-329.

［11］ HAO Q,WANG S,HU Y,et al. Virtual interferometer calibration method of a non-null interferometer for freeform surface measurements［J］. Appl. Opt. ,2016,55（35）：9992-10001.

［12］ HAO Q,LI T,HU Y,et al. Vertex radius of curvature error measurement of aspheric surface based on slope asphericity in partial compensation interferometry［J］. Optics Express,2017,25(15)：18107-18121.

［13］ INA H,TAKEDA M,KOBAYASHI S. Fourier-transform method of fringe-pattern analysis for computer-based topography and interferometry［J］. Journal of the Optical Society of America,1982,72(12)：156-160.

［14］ MASSIG J H,HEPPNER J. Fringe-pattern analysis with high accuracy by use of the Fourier-transform method：theory and experimental tests［J］. Appl. Opt. ,2001,40(13)：2081-2088.

［15］ PEÑALECONA F G,CASILLASRODRÍGUEZ F J,GÓMEZROSAS G,et al. Phase recovery from a single interferogram with closed fringes by phase unwrapping［J］. Appl. Opt. ,2011,50(1)：22-27.

［16］ GE Z,KOBAYASHI F,MATSUDA S,et al. Coordinate-transform technique for closed-fringe analysis by the Fourier-transform method［J］. Appl. Opt. ,2001,40（10）：1649-1657.

索　引